JN000668

YouTube

を
使い倒す稼ぎ方

初心者でもわかる副業、集客、販売のススメ

郡司健汰

技術評論社

▶ 特典動画の入手方法

本書の購入特典動画は、以下の QR コードから公式 LINE アカウントにご登録し、お受け取りください。

QR コードを読み込めない場合は、以下の URL をブラウザで開くか、LINE の ID 検索で「@pxa9715j」と検索してください。最初に @ を付けるのをお忘れなく。

公式 LINE アカウントへ登録：line.me/R/ti/p/%40pxa9715j

本書購入者の方は自動で特典動画をお送りする設定にしておりますが、稀にお送りされない場合がございます。その場合は、「書籍特典動画」とひと言メッセージください。確認次第、お送りさせていただきます。

はじめに

　本書を手に取っていただき、誠にありがとうございます。

　YouTube はこの 10 年で知名度を爆発的に伸ばし、「YouTuber」という言葉も世間一般でかなり定着してきたように思います。

　この本を手に取ったあなたも、「YouTube というメディアが身近になってきている」「人々の生活の一部となっている」と強く認識されている大勢の 1 人だと思います。

たくさんの人が YouTube で稼いでいる

　その中で、有名な YouTuber（たとえばテレビでも見かける有名人だと HIKAKIN さんなど）だけでなく、顔出しもしない以下のような方が、1 日わずかな作業を通して、この数年で莫大な金額を YouTube で稼いでいることはご存知でしょうか？

- 会社に勤めているサラリーマンが
- 家事の空き時間を利用している主婦が
- 普段学校に通っている何のスキルもない学生が
- 定職につかず、ニートと呼ばれる人が

　そして、いま本書を手に取っているまさにあなたが、YouTube で顔出しも名前出しもせずに稼げることはご存知でしょうか？

　私自身も、YouTube の恩恵にあずかっているその大勢のうちの 1 人です。そして、かつては「そんなことはありえない！」と声を荒げていた人のうちの 1 人でした。

　私は YouTube と関わり出した約 5 年前から、以下のような実績を積んできました。

- YouTube を始めて顔出しなしで 3 か月目に月収 90 万円達成
- コンサル生が 2016 年誕生した YouTuber の収入ランキング国内

TOP30 に 3 人ランクイン（ちなみに 2016 年の 1 位はピコ太郎さん）
- YouTube で稼ぐためのクローズドな副業コミュニティを 2 つ主宰（現コミュニティ参加メンバー合計 70 人）
- コンサル生・コミュニティ生で月収 100 万円以上達成者 10 人以上輩出
- 他社との合同企画で単月で 7000 万円の売上達成
- 自社企画で単月で 1000 万円の売上達成
- YouTube マーケティングと映像制作を主幹事業とする株式会社の設立
- ある大企業からの YouTube コンサルティングおよび映像制作事業、共同企画事業の受注　など

　挙げるとキリがありません。これだけのことを、サラリーマンからギブアップした、いわばニートだった「コネなし」「金なし」「人脈なし」の私が、ただ単純に副業として YouTube を始めただけで成し遂げてしまったのです。

　ここまで見ると、「それは、才能があったからでしょう？」と思われる方が多いかもしれません。

　しかし、先に申し上げておきますが、YouTube で稼ぐことにおいて才能は必要ありません。正確に言うと、才能があるには越したことはありませんが、才能以上に重要な要素はたくさん存在するということです。

　とは言うものの、実例が無いとにわかには信じられない内容でしょう。そこで、私がコンサルティングした方、私が運営しているコミュニティ参加者生の中から、「才能もスキルも無かった初心者」に焦点をあて、いくつか事例を紹介します。

- **事例 1：40 代主婦の例**
　PC スキルの無い 40 代主婦の方が、空き時間で YouTube ビジネスにトライし、半年で月収 80 万円を達成（夫の月収をゆうに超える収益を出せるように）

- **事例 2：50 代無職男性の例**

　会社をクビになった 50 代男性がアルバイトをしながら、YouTube ビジネスを始めて 5 か月目に日給で 13 万円を達成

- **事例 3：20 代大学生の例**

　遊ぶお金を稼ぎたかった 20 歳の大学生が YouTube ビジネスを始めて 4 か月で月収 100 万円達成。そのまま就職活動をしないことを選択し、YouTube で稼いだ資金を元手に独立。

　つまり、もし何も取り柄がない普通の人間だったとしても、前述のとおり YouTube という巨大な媒体を使って、収益をあげることは十分可能なのです。

「必修科目」となった YouTube

　また、今まで YouTube や動画の知識というものは、私たちビジネスや副業をおこなっている人間にとって「専門選択科目」でした。つまり、それに関する知識はなくても、十分ほかの知識や媒体を使ってビジネスを回すことができました。

　しかし、昨今はその状況が一変しました。YouTube や動画の知識というものは、「専門選択科目」から「必修科目」もしくは「一般教養科目」まで降りてきたと実感しています。

　現在のビジネスにおいて、動画は切っても切れないほど重要の要素となってきているのです。今までは「わかる人に任せればいいや」だったものが、「自分に知識として持っていなければビジネスを拡大できない」というものに変わっています。

　つまり、今後副業やお店、ビジネスをおこなう人にとって、動画や YouTube の知識というものは、「持っていて当たり前」「持っていないとヤバいもの」という立ち位置になってきているのです。世の流れに敏感な方は、このことに薄々気がついているかもしれませんが、それを認めたくないと思いながら目を背けていることでしょう。

YouTube で稼ぐ方法を学ぶ

　本書では、YouTube を「暇つぶし」の媒体から「自身で稼ぐため」の媒体という認識に変貌させるようなエッセンスを凝縮して詰め込んでいます。具体的には、「YouTube で稼ぐ方法」に特化し、私が大事にしてきたノウハウ、手法、考え方を漏れなくまとめました。

　先に申し上げておきますが、YouTube の機能は年々バージョンアップして変わっていきます。そのため、本書では「機能が変わっても変わらない普遍的なノウハウ」を中心にお伝えしていきます。

　本書をきっかけに、YouTube に真剣に取り組めば、空き時間の作業で一般企業のサラリーマンの給料以上の金額を稼ぐことは十分可能です。それは私のコンサル生、コミュニティ参加メンバーさんが証明してくれています。

　ぜひ本書を細部まで何度も読み込み、手を動かして実践してみてください。

特典動画で学ぶ

　また、本書の特典として、「YouTube で稼ぐための説明動画」特別にプレゼントします。

- **チャンネルの立ち上げ方**
- **動画の作り方**
- **動画のアップロード方法**
- **収益を受け取るまでのやり方**
- **YouTube で使うべき機能　など**

　本だけではつまづきがちなポイントはもちろん、YouTube ビジネスのすべてと言っても過言ではない動画講座を、無料でプレゼントします。

　本書との出会いが、あなたの人生を大きく変える 1 つのきっかけになってくれれば、著者冥利に尽きます。

　それでは、本編スタートです。

CONTENTS

第4章
動画の再生数を上げるワザ 73

第7章

広告収入だけじゃない！
YouTubeでの稼ぎ方　　　117

第8章

YouTubeを使って
自身のビジネスにつなげよう！

127

第 1 章

YouTubeで
稼ぐしくみ

「ググる」から「YouTubeで検索」の流れ

　まず始めに、みなさんがこれからお世話になる YouTube について学んでいきましょう。

　日本語版の提供サービスが開始して 10 年目になる 2017 年のデータを紹介します。YouTube での世界での 1 日あたりの視聴時間は 10 億時間にものぼる中、日本では月間ログイン人口 6200 万人、18 ～ 64 歳のネット人口の 82% が YouTube 視聴をしていると発表されています。[※1]すごくかんたんに言うと、「日本人の大半が YouTube を利用している」ということです。

　また、YouTube は Google の子会社であり、世界第 2 位の検索エンジンでもあります。Google の子会社、というのは強すぎる要素だと思います。かんたんには潰れませんし、長くビジネスをおこなっていけるフィールドだと言えるでしょう。

　昨今ではなにか調べ物をするときに YouTube で検索するユーザーが格段に増えています。特に方法論ややり方を調べる場合、テキストベースの説明よりも動画で見るほうが早い場合が多いでしょう。私自身も料理レシピ、パソコンのノウハウ、動画編集から趣味である野球のバッティングフォームまで、ありとあらゆることを YouTube で検索して調べています。

YouTubeで収益を得られるワケ

　YouTube では、「YouTube パートナープログラム」と呼ばれるプログラムに参加することで広告収入を得ることができます。YouTube を利用すると、動画の最初・途中・最後で流れる「5 秒後にスキップ」と出てくる広告があります。それらが広告収入のもとになっています。

※ 1　https://www.nikkei.com/article/DGXMZO32703140W8A700C1X30000/

■ 広告のイメージ例

　動画の長さやジャンル、時期によっても変わりますが、1 再生あたり 0.1 円〜1 円ほどを収益としてもらうことができます。私はこのしくみにより、過去に月収 90 万円を達成しました。

　この収入のことを「アドセンス報酬」と呼びます。広告収入を受け取るには、Google アドセンスというものに登録し、そこから報酬を受け取ります。

　本書では、アドセンス報酬で収益をあげる方法をメインにお話ししていきます。さらに、YouTube ではほかにも以下のようなマネタイズできるポイントがあるので、これらについても紹介します。

- YouTube をきっかけに販売売上を出す
- YouTube をきっかけに集客する
- YouTube をきっかけに資金を集める

YouTubeが稼ぐために最適である6つの理由

▶▶（1）莫大なユーザーを抱えている

　1つめは、先ほども述べたとおり、YouTube には莫大なユーザーがいることです。つまり、「莫大なユーザーがいる＝アクセスを集めやすい」ということになります。ビジネスにおいては、「アクセスを集められる土壌があるか」ということが非常に重要な要素です。

　リアルなビジネスに置き換えて考えてみましょう。あなたがもしカフェをオープンしたい場合、以下の2つの場所のうち、どちらも同条件でお店を出せるとしたら、どちらを選ぶでしょうか。

- 周りにいっさい民家がない、普段人っ子一人通らない田んぼの真ん中
- 人通りがめちゃくちゃ多い便利な駅前

　答えは明白で、100人中100人が後者を選ぶでしょう。

　YouTube には、すでに莫大なアクセスを集める土壌があるので、これを利用しない手はありません。

▶▶（2）サービスやアクセスが安定している

　2つめに、サービスが安定していることも重要なポイントです。

　前述のとおり、YouTube は Google の傘下にある媒体なので、サービス自体が終わることは考えにくいです。せっかく副業やビジネスでYouTubeを大きな収入源にしていても、サービス自体が終了してしまったらすべてが水の泡になってしまいます。

　さらに、Google の傘下ということで、Google 検索においても YouTubeの動画は上位に表示されやすい傾向があります。

　たとえば、リアルな店舗を経営している場合、高いお金を払ってホーム

ページを作っても、検索でまったくひっかからないケースがよくあります。それよりも、あなたのお店の情報をしっかりまとめた動画を YouTube に数本アップしたほうが、検索で多くの人に見てもらえる可能性が高まるケースが多いです。

　YouTube という媒体だけでなく、Google 検索という他媒体からのアクセスも狙えるというのが、強烈なメリットになっています。

▶▶（3）動画という存在がもっとあたりまえになる

　3つめは、あたりまえのことですが、YouTube は「動画を扱うプラットフォームである」ということです。なぜなら、動画そのものが情報伝達手段として、よりあたりまえのものとなるからです。

　「近い未来、インターネット上のトラフィック（アクセス）の 90% が動画になる」

　これは、Google の副社長ロバート・キンコー氏の言葉です。
　日本では 2020 年 3 月から、5G 通信の商用化がスタートし、2022 年までの段階的な普及を携帯各社が計画しています。すでに動画を見ている方は非常に多くいますが、今まで以上に気軽に、快適に、だれでも動画を見ることが可能になる世界がそこまで来ています。「テキスト（文字）データ→動画データ」への大きなパラダイムシフトが起きるわけです。
　つまり、どんなビジネスをおこなううえでも "動画" の知識が必須になってきます。インターネット上の 9 割のアクセスを占める媒体の知識がないのは、それだけで時代遅れとも捉えられるでしょう。「僕はサラリーマンだから……」「私は動画はさっぱりわからなくて……」なんて言っていられなくなる時代が来るわけです。
　また、動画は「文字＋音（音声）＋映像」によって構成されているので、伝えられる情報量が、「文字＋写真だけ」の場合と比べて約 5000 倍になると言われています。つまり、動画は圧倒的なスピードで莫大な情報量を伝

えられる手段なのです。

統計データでは、以下のようなびっくりするデータも出ています。[※2]

- 1分間の動画が伝える情報量は180万語
- 3600のWebページぶんに匹敵する
- 動画を利用するとプロダクトへの理解が74%高まる
- 動画を見た後のほうが商品の購入率が64%アップする
- 不動産サイトは動画を載せたほうが問い合わせが403%アップ　など

このデータを見ると、現代でビジネスをする＝生きていくうえで動画と関わらないことがいかにナンセンスであるか、感じられるでしょう。動画のなかでも、動画サイト不動のNo.1であるYouTubeをビジネスに活用することは、必然であるとも言えます。

▶▶（4）無料で使えるのに、収入のチャンスがある

4つめは、無料でほぼ無制限に利用できるのに、動画を見てもらうだけで収入を得ることができるということです。

Web上にはさまざまなデータ共有サービスがあります。しかし、その多くでは無料利用の場合データ数などの制限があります。一方、YouTubeに関しては、基本的にデータ量の制限はありません。

そのため、私はYouTubeを「データ置き場」としてもよく利用していて、以下のような動画を溜めています。

- 私自身が主宰しているYouTubeコミュニティの勉強会動画
- コミュニティで提供しているノウハウ動画
- お客様からいただいた疑問点を解決するための説明動画

勉強会動画やノウハウ動画は、限定公開にしてコミュニティで見られる

※2　https://boxil.jp/mag/a171/

ようにしています。また、お客様から質問されたことについては、動画で
PC画面と声を録画し、YouTubeのリンクを送ってすぐに解決することも、
日常茶飯事です。このシステムが無料で使えるというのは、とんでもなく
すごいことだと思います。

　また、どんなビジネスをおこなううえでも初期費用は必要になりますが、
YouTubeに関してはだれでも無料で会員登録をして発信を始める（＝ビジ
ネスを始める）ことができます。これは、当時ほぼ一文無しに近かった私
にはとても魅力的でした。無料だからYouTubeを始めたと言っても過言
ではありません。

　だれでもどこに住んでいても無料でビジネスを開始できる、という点は
YouTubeの圧倒的な利点であると言えるでしょう。無料なのにもかかわら
ず、登録作業だけで、リスクゼロでアドセンス報酬を手にすることができ
るのです。

▶▶（5）情報が拡散されやすい

　5つめは、情報が拡散されやすいという点です。

　YouTube上の動画はボタン1つでありとあらゆるSNSに共有できます。
Webサイトへの埋め込みもかんたんです。つまり、YouTubeの動画は「非
常に拡散されやすい」ということです。レバレッジが効きやすく、1本の
動画が共有され、さらにその共有先で共有され……というように、圧倒的
な広がりを見せていくポテンシャルを秘めているわけです。私が作った動
画で最大800万回再生された動画も、この拡散の力で大爆発した結果でし
た。当時は電車の中で隣の大学生が私の動画を見ていたりしたこともあり
ました。

　だれもが身体は1つしかありませんし、時間は限られています。情報を
届けられる人数も現実的にかなり限られるでしょう。しかし、Webの力を
使えば、何百倍何千倍もの力で広がりを見せるのです。その中でも
YouTubeは、非常に強い拡散力を持っている媒体と言えるでしょう。

▶▶（6）ほかの媒体と親和性が高い

6つめは、「YouTube →他媒体」「他媒体→ YouTube」のアクセスを送りやすいことです。これは、ビジネスをおこなううえで注目すべき点です。

昨今の Web サービスは、毎日たくさんのものがリリースされ、その中ではやり廃りをくり返しています。動画媒体に着目しても、YouTube 以外にはやっているサービスはたくさんあります。

しかし、YouTube ほど息が長く、また今後も続いていきそうなサービスはそうそうありません。もちろん、今人気のサービス媒体を利用してアクセスを集めることは、戦略上非常に重要ではあります。しかし、「はやっている＝いつかは時代遅れになる」ということを頭の片隅に置いておかなければなりません。

少し前に「Vine」という6秒動画のアプリが爆発的に流行しましたが、そのころ Vine 上で大人気だった配信者のほとんどは、サービスの終了により姿を消しました。しかし、その中で YouTube も同時進行で配信をしていた配信者は、現在 YouTube で圧倒的なアクセスを弾き出し、多額のアドセンス報酬を稼いでいます。

賢い人は今人気の媒体でアクセスを集め、その"アクセス貯金"を YouTube という手堅い口座に移動して、着実にのし上がっているのです。

▶ YouTube と他媒体でアクセスが相互に動く

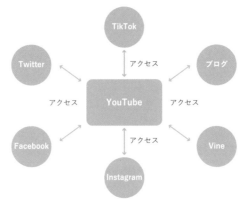

YouTube副業で稼いでいる人の真実

「はじめに」でも紹介しましたが、私以外に YouTube 副業・ビジネスで稼いでいる方は大勢います。再度事例を紹介します。

▶ YouTube 副業の事例

事例	内容
事例① 40代主婦の例	PCスキルの無い40代主婦の方が空き時間でYouTubeビジネスにトライし、半年で月収80万円を達成（夫の月収をゆうに超える収益を出せるように）
事例② 50代無職男性の例	会社をクビになった50代男性がアルバイトをしながら、YouTubeビジネスを始めて5か月目に日給で13万円を達成
事例③ 20代大学生の例	遊ぶお金を稼ぎたかった20歳の大学生がYouTubeビジネスを始めて4か月で月収100万円達成。→そのまま就職活動をしないことを選択し、YouTubeで稼いだ資金を元手に独立してビジネスを立ち上げ。

これらは氷山の一角です。しかも、ここで紹介している方々や私も、PCのスキルや映像スキルに関してはズブの素人でした。

私はよく「それって郡司さんが才能あったんじゃないの？」「若いし PC とか強かったんじゃないの？」「仕事で動画に関わってたんじゃないの？」と疑いの目で見られることが多いです。

しかし、私は自他ともに認める PC 音痴でした。動画編集の経験は、両親の結婚記念日に３日間徹夜してインターネットで調べながら作ったボロボロのムービーをプレゼントした程度です。タイピングが遅く、前職の商社マン時代には上司からどやされる毎日でした。

しかし、そんな私でも本気で YouTube に取り組んで今は映像の会社を設立できるまでになりました。また、年齢に関しても私に言わされば言い訳でしかありません。私の生徒さんに65歳の年金生活をされている方もい

ましたし、その方でも月収10万円を達成し、孫にプレゼントを買えた！と喜んでおられました。ようは正しい方法知っていて、やる気があるか、だけの話だと思います。

　また、私が知っている限り、YouTube副業で最大で月収300万円を叩き出した猛者もいます。月収10万円程度でしたらコミュニティの皆さんたちの成長過程でゴロゴロ見てきた、というのが本音です。いまこの本を読んでいるあなたにも十二分にその可能性があることをまずは理解してください。

YouTubeで稼げるようになるまでの動き

　では、YouTubeでどのように収益を上げられるようになるか、その具体的な事例データを見てみましょう。

　以下の図は、私が実際に運営していたチャンネルの初期の再生数の伸びをグラフにしたものです。

▶ 再生数（視聴回数）のグラフ

　グラフを見ると、最初はとても少ない再生数で毎日推移しています。しかし、少しずつ再生数が増え出して、ある日いきなり再生数が爆発しているのがわかるのではないでしょうか。

　これは、「正しい方法」で「継続して動画投稿」をした結果です。

YouTube の再生数や収益の伸び方は、きれいな右肩上がりではありません。ある日いきなり爆発点を迎えて、一気にアクセスと収益が伸びる傾向にあります。

初心者の方は、「少ない再生数で推移している時期」を我慢できずに、途中で動画制作やチャンネル運営を諦めてしまう方がとても多いです。しかし、正しい方法で継続して取り組むことができれば、ある日いきなりこの「爆発点」を迎えることができます。

初めに登録者 1000 人を迎えるまでが最も大変で、その後波に乗ってしまえば、今までの苦労はなんだったのかというくらい、登録者、アクセス、収益が伸びていきます。

本書で正しい方法を学び、諦めずに継続することを心に誓いましょう。そうすれば YouTube は大きな恩恵をもたらしてくれます。

YouTubeを入り口として収益を上げるしくみ

YouTube で収益をあげる方法は、アドセンス報酬だけではありません。本書では以下のような方法を第 7 章以降でくわしく紹介します。

- **商品販売**
- **アフィリエイト**
- **講座販売**
- **店舗・会社の広告、集客**
- **クラウドファンディング**

ここで押さえておきたいポイントは、ビジネスにおいてアクセスを集めることができれば、いかようにもお金に換えることができるということです。

YouTube 上でアクセスを集め、あなたが運営しているお店にお客さんを呼ぶことも可能ですし、仕事を受注することも可能、スタッフを募集する

ことも可能ですし、サイトに誘導することも可能であれば、商品を販売することも、商品を紹介して紹介料を手にすることも可能。

　もしあなたがすでに何かしらのビジネスに取り組んでいるのであれば、頭を柔らかくして「YouTubeでアクセスを集められれば自分の持っている○○に繋げられるな。」と考えながら続きをお読みください。

YouTube動画の6つの種類を押さえる

　YouTube動画では、さまざまな発信スタイルがあります。具体的なチャンネル例も交えて押さえておきましょう。

　細分化すると無限に近いジャンルに分けられてしまうので、ここでは王道のものや副業として取り組みやすいものとして、以下の表にある6つのジャンルを紹介します。

▶ **YouTube 動画のおもな種類**

ジャンル	説明
THE YouTuber系	HIKAKINさん、はじめしゃちょーさんに代表される、いわゆる「YouTuber」の動画
撮影系（顔出しなし）	趣味、日常、自作品などを撮影した動画
講座系	ある特定分野の知識、ノウハウ、ハウツーを提供する動画
BGM系	BGMとなる音楽を提供する動画
声出し解説系	さまざまな時事ネタや事象について解説する動画
漫画動画系	漫画仕立てのストーリーで楽しませる動画

　ここで挙げるYouTubeチャンネルは、そのジャンルのトップランカーというより、真似しやすいがアイデアが秀逸なものや、今後アクセス数が伸びそうなチャンネルを選別しています。

▶▶ THE YouTuber 系

いわゆる「YouTuber」と呼ばれるスタイルです。HIKAKIN さんやはじめしゃちょーさんなどの有名 YouTuber がここにあたります。

ユーザーがおもしろいと感じるもの、暇つぶしになるようなテーマで毎回動画を作り、自身の顔を YouTube 上で露出しているスタイルです。

顔を出す以上、なかなか副業には向かないでしょう。また、芸能人としての側面も強いので、タレント性、カリスマ性が要求される部類です。最近では、テレビで有名な女優・俳優、タレント、お笑い芸人などいわゆる「芸能界のプロ」が参入してきているので、その中で戦っていく強い意志と、強靭なメンタルが必要なジャンルと私は考えています。

> ▶ **Hikakin TV**
> URL https://www.youtube.com/user/HikakinTV

> ▶ **はじめしゃちょー（hajime）**
> URL https://www.youtube.com/user/0214mex

▶▶ 撮影系（顔出しなし）

何か対象物や趣味のものを撮影し、声や BGM を入れて編集したものです。顔出しをしない YouTuber もここに含みます。たとえば、以下のような動画です。

- 自身の飼っているペットの様子
- 鉄道の旅や電車の様子
- 折り紙の制作や作品

顔出しをするタレントとしての YouTuber 以外はほとんどここに大別されます。

顔を出さないため、個人情報の流出のリスクが低く、副業としておこなうものとしては比較的やりやすい部類になるでしょう。また、自分の得意なことや好きなことを動画にするケースも多いので、楽しみながらできることもメリットです。

なお、現在の YouTube は音声認識のシステムにかなり力を入れているので、顔は出さなくても、できるだけ声は入れて動画を制作したほうが良いでしょう。動画の評価や検索で優位になります。

▶ **こんびにこ**
URL https://www.youtube.com/channel/UCjW3bz1LXwlIiEVf04339YQ

サラリーマンでありながら動画を投稿している。顔出しをせず、アレクサとのおもしろ会話でアクセスを集めまくったチャンネル。最近は自身の軽快な喋りとフリー素材で編集されたテンポの良い動画がアップされている。

▶ **ポムさんとしまちゃん／ねこべや。**
URL https://www.youtube.com/channel/UC5IT9uQwZiWWIQanS2bIkGw

ペット動画の中でも王道の「猫ちゃん」を扱うチャンネル。基本的には猫を撮影してシンプルな編集というスタイル。ペットを飼っていれば最も真似しやすい形だろう。

▶▶ 講座系

　その名のとおり、YouTube上で自身の持っているノウハウやスキルを講座形式で投稿しているものです。「ビジネス系YouTuber」もここに分類されるでしょう。たとえば以下のような動画コンテンツがYouTube上には大量にあります。

- 受験生向けに数学・英語などの講義
- スポーツ・音楽・絵などのハウツー講座
- パソコンや英会話などのビジネススキル講座
- 料理・メイク・家事などの生活に役立つ講座
- ニッチな趣味の講座

　YouTube社は、このジャンルを「教育系」と称し、今後力を入れていくと公言しています。実際に私がYouTube社に行った際には、埼玉県の教育委員会の方が実際の学校でのYouTube活用を紹介されていました。

　「教育系」というと堅苦しいのでここでは「講座」としましたが、内容はなんでもありです。たとえば、Excelの使い方、野球の変化球の投げ方、将棋の指し方、時短メイクの方法など、無限大に可能性が考えられます。周りから「○○さんって△△にくわしいよね」と言われることがきっかけでチャレンジしてみる価値があるジャンルです。

> ▶ マナブ
>
> URL https://www.youtube.com/channel/UCb9h8EpBlGHv9Z896fu4yeQQ
>
> バンコク在住のマナブ氏が、Webを使った副業についてわかりやすく教えてくれるチャンネル。ファンから絶大な人気を誇っている。動画自体は、マナブ氏が話し編集で説明を補足するというスタイルで、シンプルですが非常にきれいなスタイルだ。

▶ 美容整体のうちやま先生。

URL https://www.youtube.com/channel/UCdX4bMa2UPwcfZ_8iet
　　 Rs2g

恵比寿で美容整体院を営む「うちやま先生」が、自分でできる顔やせ、む
くみ取りのマッサージを教えてくれるチャンネル。何かしらのプロ
フェッショナルな仕事をしているのであれば、視聴者が「セルフででき
る」というやり方を発信していくとアクセスが増加し、結果として自身
のさらなる仕事に繋がっていく。

▶▶ BGM 系

　BGM を YouTube で投稿しているジャンルです。「作業用 BGM」「睡眠
導入用 BGM」といった名称が有名です。顔出しが不要なため、副業に向
いているジャンルと言えます。

　作業用や睡眠導入用 BGM は、動画時間が 2 時間以上と長めになるので、
1 再生あたりのアドセンス報酬単価が高くなる傾向にあります。また、長
い期間ユーザーさんに利用される可能性が高く、最初はアクセスが稼ぎづ
らいですが、ストック式に収益があがっていく資産型ジャンルになります。

　当然、音楽の知識が多少なりとも必要にはなりますが、音楽に少しくわ
しい知り合いと協力体制を組んだり、自然音（波の音、川の音、焚き火の
音など）を利用して参入することが可能です。

▶ 感じるスピリチュアルしゅうさん Shusan Feel Spiritual

URL https://www.youtube.com/channel/UC6jd9pf_hXgp6UEJ_
　　 a_1sjw

自然音を中心に、ただの BGM ではなくスピリチュアル要素をふんだんに
詰め込んでいるチャンネル。丁寧な発信で、著者自身も睡眠導入用に利
用している。

(▶) **BGM channel**

`URL` https://www.youtube.com/c/bgmchannelbgmnew/featured

BGM ＋シチュエーションに合ったフリー映像を使った王道スタイルの
BGM チャンネル。

▶▶ 声出し解説系

顔出しはせず、パワーポイントなどで作った資料画面を録画しながら、ナレーションを入れている動画のジャンルです。講座系と撮影系の両者の要素を持っているジャンルと言えます。

動画のネタは無限に考えられますが、たとえば以下のようなものがあります。

- ビジネスや副業についてパワーポイント資料を使って説明している
- 都市伝説に関する考察をしている　など

このジャンルの良い点は、ネタさえあれば無限に動画を作れることです。ラジオに近いイメージで動画を作成できます。喋りスキルや何かしら知見が深いジャンルがあるなら、トライしてみる価値があります。

(▶) **ヒロシの時事ニュースチャンネル**

`URL` https://www.youtube.com/channel/UCxs4TtlgxC7Nda6jEJF6Ejg

毎日気になるニュースを集めてきて、Word ソフトで文章をまとめ、私見を入れながら解説するという非常に手軽なモデルのチャンネル。ニュース系を取り扱う場合投稿スピードが命になるが、初心者でもアクセスは取りやすいため非常にオススメのスタイル。

> ▶ **キリン【考察系 YouTuber】**
> **URL** https://www.youtube.com/channel/UCZ6AXSKWO2AIi5RkSR
> lPP2A
>
> 世界の都市伝説や噂について考察している考察系 YouTuber。キリンの
> 仮面をしながら考察しているのが特徴的だ。何か知識がある分野があり、
> ナレーションを喋れれば現実的に真似することが可能なチャンネルと言
> える。

▶▶ 漫画動画系

　その名のとおり、漫画を動画にしたものです。動画ネタとしては、いわゆる作品としての漫画ではなく、実際の出来事を漫画仕立てで説明したり、日常のあるある事項を漫画のストーリーするといったものが多いです。

　制作に関しては以下の2つの方法があります。

(1) イラストレーターさんに漫画を描いてもらう
(2) Web 漫画を発信している個人クリエイターさんにコンタクトを取り、提携してデータ提供をもらう

　近年はどのチャンネルも動画の質のレベルが上がり、競争が激しくなっています。制作費も上昇傾向にあり、1本あたり数万円レベルのものもあります。

　しかし、一定以上の視聴者を獲得できれば、莫大な利益をもたらしてくれるジャンルなので、初期費用を大きく投資できる方にはオススメのスタイルです。

▶ コケプリ

URL https://www.youtube.com/channel/UCMLlmS52UxtEGxBlRo
ALWfQ

恐らく個人で運営されていると思われるチャンネル。登録者はまだそこまで多くないが、安定したアクセスを稼いでいる。漫画動画は動画の長さが 10 分近くになるものが多く、アドセンス報酬が高くなりやすい。

▶ ヒューマンバグ大学 _ 闇の漫画

URL https://www.youtube.com/channel/UC7umTzlrlJq8Xh428lj0
M5A

元テレビマンの方がプロデュースしているチャンネル。少しダークな内容だが、視聴者の「気になる！」をうまく引き出している漫画動画をアップしている。

第 **2** 章

YouTuber
になる準備

アカウントを取得する

　本書では、基本的にパソコンでの作業を想定して説明していきます。最近では、スマホでかんたんに動画をアップする、といった方法もはやっていますが、ビジネスとしてやる以上、効率よく作業を進めるために、パソコンでの作業を推奨します。

▶▶ Gmail を取得する

　まずは、YouTube のアカウントを作るために、Gmail を取得しましょう。すでに Gmail を持っている場合は、そのアカウントを使用しても問題ありません。

　Web ブラウザで「Gmail」と検索すると、「Gmail - Google のメール」というページが出てきます。ページ右上の「アカウントを作成」というボタンをクリックすると、以下のような登録画面に遷移します。ここで必要事項を入力してください。

■ 登録画面 1

この際、作ったメールアドレスとパスワードは、PCのメモ帳などにメモして保存しておくことをおすすめします。

　入力が完了し「次へ」をクリックすると、電話番号や再設定用のアドレスを入力する画面に移ります。ここで電話番号などを入力していきます。

■ 登録画面2

　再設定のメールアドレスは入力しなくても問題ありませんが、アカウントの保護のために、設定しておくことをおすすめします。

　ここでの注意すべき点は、電話番号には必ず携帯電話の番号を登録しておくことです。認証などの際に、電話番号にテキストメッセージが送られてくる場合があり、固定電話だとテキストメッセージを受信できないためです。

　入力が完了したら「次へ」を押して、規約のページに遷移します。最後に「同意する」のボタンをクリックしたらアカウント作成完了です。

　なお、この一連の過程の中で、電話番号の確認を要求される場合があります。特に複数のGoogleアカウントを所持していたり、中古PCを使っている場合に多く見られます。その場合は、携帯の電話番号を入力し、Googleから届くテキストメッセージを携帯電話で受信し、そこに記載の認証コー

ドを打ち込めば問題ありません。

チャンネルを開設する

　Gmail を取得できたら、YouTube ページでチャンネルを開設しましょう。

　まず、YouTube を開いてログインを完了させます。

■ YouTube のトップページ

　右上の「ログイン」のボタンをクリックし、自身の Gmail アドレスとパスワードを入力します。ログインが完了しても、まだチャンネルが開設されたわけではありません。

　ログインが完了したら、YouTube ページ右上にあなたのアカウント名が表示されます。ここに出ている丸いアイコンをクリックし、「チャンネルを作成」をクリックします。

■ ログインした YouTube ページ

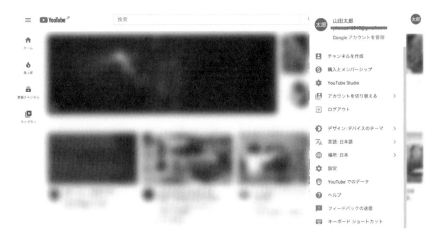

「始める」をクリックすると、チャンネル作成の画面に移り、以下の2つの選択が出てきます。

- **自分の名前を使う**
- **カスタム名を使う**

■ チャンネル作成画面

Chapter 2　YouTuberになる準備

ここでは、「カスタム名を使う」を選択してください。カスタム名を使用することで、「ブランドアカウント」という形態でYouTubeチャンネルを立ち上げることができ、個人アカウントよりも自由度が高い状態でチャンネル運営ができるようになります。

　次に実際のチャンネル名を入力します。

■ チャンネル名の入力

　チャンネル名は途中で変更することも可能ですが、検索結果などの反映やSEOに影響を与える部分なので、ある程度しっかりチャンネルコンセプトを考えたうえで、このチャンネルがどういうチャンネルなのかわかる形の名前にすることをおすすめします。

　名前を入力したら、チェックボックスにチェックを入れ、「作成」をクリックします。

■ チャンネル開設完了

これでチャンネルが完成しました。

すでにチャンネルアイコンに使う画像候補が決まっている場合は、プロフィール写真をアップロードできる項目が下にあるので、アップロードしましょう。

さらにページを下にスクロールすると、以下の情報を入力する項目があります。これらも可能な限り入力しておきましょう。

- **チャンネルの概要欄**
- **SNS 情報やホームページのリンク**

特に、「チャンネルの概要欄」は検索結果などにも関わる情報です。どういうキーワードに興味がある人に見てもらいたいかを考えながら、キーワードを練り込んだ紹介文を書くことをおすすめします。

「保存して次へ」をクリックすると、チャンネルのトップページに遷移します。

チャンネルの追加機能を開放する

　チャンネルを作成したデフォルトの状態だと、以下の2つの機能が使えない状態になっています。

- **カスタムサムネイル**
- **15分以上の動画のアップロード**

　動画の表紙の画像のことサムネイルと言いますが、カスタムサムネイルとは、自身で作成したサムネイル画像データを使える機能のことです。サムネイルは、YouTubeビジネスにおいて非常に重要な要素なので、必ずこの機能を最初に開放しておきましょう。

　まず、右上の自身のチャンネルアイコンをクリックし、「YouTube Studio」をクリックします。

■ YouTube Studio を開く

　基本的に、動画の管理や情報の修正やコメントチェックなど、チャンネ

ルでのほとんどの作業をこの YouTube Studio からおこないます。

■ YouTube Studio のトップページ

　YouTube Studio の左下に表示されている「設定」→「チャンネル」→
「機能の利用資格」を選択します。

■ 設定画面

この設定画面で「スマートフォンによる確認が必要な機能」という項目をクリックし、「電話番号の確認」を選択すると以下のような画面に遷移します。

■ 国の選択

　ここで国を選択し（基本的に「日本」で問題ありません）、「SMSで受け取る」にチェックを入れます。次に自身の携帯の電話番号を入力し、「送信」を押します。

　すると、自身の携帯に6桁の確認コードが届き、以下のような画面に移動します。

■ 確認コードの入力

ここで、届いたコードを入力します。

　SMS 機能が使えない携帯を使用している場合は、1 つ前のページに戻り、「電話の自動音声メッセージで受け取る」を選択してください。電話番号を入力し送信すると、自動音声の電話がかかってきて、確認コードを伝えてくれます。

　入力したコードが正しければ、このように YouTube アカウントが認証され、カスタムサムネイルなどの機能が使えるようになります。

■ アカウント認証完了

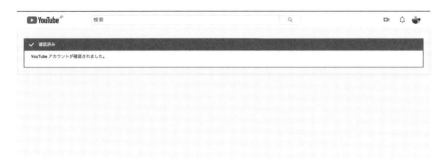

チャンネルの外見を整える

次にチャンネルの外見を整えていきましょう。

まず、チャンネルのトップページから「チャンネルをカスタマイズ」というボタンをクリックします。

■ チャンネルのトップページ

すると、以下のような画面に遷移するので、「ブランディング」という項目をクリックします。

■ チャンネルカスタマイズ画面

以下の画面でチャンネルのアイコンやヘッダー画像を変更することができます。

■ ブランディング項目

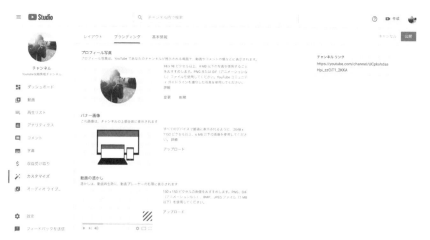

▶▶ ヘッダー画像を設定する

バナー画像の項目の「アップロード」をクリックすると、ヘッダー画像をアップロードして設定できます。

ヘッダー画像は、チャンネルのアイコン同様に、視聴者の目に触れるところです。どのようなチャンネルかわかるように設定しましょう。

ヘッダー画像はYouTubeを見る端末（スマートフォン、タブレット、PC、テレビなど）よって表示される領域が異なりますが、基本的にはスマートフォンとPCをカバーしておけば問題ありません。

作成サイズは「2560 × 423 ピクセル」をおすすめしています。これがPCでの表示のサイズです。

ただし、このサイズ全面に文字やロゴなどを入れてしまうと、スマートフォンから見た際に、文字やロゴが切れてしまう場合があります。絶対に表示させたい文字やロゴは、「1546 × 423 ピクセル」内に表示させるようにしてください。画像作成の際に、文字やロゴを中央に寄せるイメージで作成するとよいでしょう。イメージがつかみにくい場合は、作成・アップロードを何度かくり返して、スマートフォンで確認しながら微調整していくことをおすすめします。

▶▶ 動画の透かしを設定する

「動画の透かし」とは、動画を再生している際に右下に出てくる透かしアイコンのことです。視聴者がクリックやタップをするとチャンネル登録ボタンを表示させるものになります。

動画の透かしについては、以下のどちらかを設定しているケースが多いです。

- **「登録」と書いた画像**
- **チャンネルアイコンに使っている画像**

どちらでも良いので、好みで画像を設定しておきましょう。

収益化までの準備

YouTube で広告収入（アドセンス報酬）を得るためには、以下の2つが必要です。

- **YouTube で収益化の認証をクリアする**
- **「Google アドセンス」のアカウントを取得する**

ただし、チャンネルの収益化の認証は、以下の2つの条件をクリアしないとできません。

- **チャンネル登録者 1000 人以上**
- **直近 1 年間の総再生時間が 4000 時間**

チャンネル登録者が 1000 人を超えるころには、総再生時間もクリアできている場合が多いと思います。この条件をクリアできたら、収益化の準備をおこないましょう。

▶▶ YouTube で収益化を申請する

まず、ダッシュボードの項目の「収益受け取り」をクリックします。

■ ダッシュボード

　所在地が設定されていないと、以下のように「収益化できません」と表示されてしまいます。「所在地を更新」をクリックします。

■ 収益受け取り不可画面

　すると、以下のように設定画面に遷移します。「日本」に設定して保存し

ます。

■ 所在地の更新から設定画面へ

保存が完了すると、以下のように、現在の登録者と総再生時間が表示されます。

■ 登録者数と総再生時間の確認

　これらの項目を満たすと、チャンネルの収益化の申請を出すことができます。

　審査では、おもに以下のようなことが確認されます。

- **ガイドラインにあなたのチャンネルの動画が違反していないか**
- **著作権に違反していないか　など**

　審査結果は、最短3日ほどでGmailに通知されます。

　もし審査に落ちてしまった場合も、その理由を明確に教えてくれます。たとえば、ガイドラインに違反している動画などがあった場合は、その動画を削除して再度申請をおこないましょう。

▶▶ Googleアドセンスアカウントを登録する

　YouTubeの収益化の審査が通った場合、Googleアドセンスのアカウントを登録します。登録には、以下の2つがあります。

- **YouTube から取得する**

- **ほかのブログなどから審査をクリアして取得する**

　YouTube からアドセンスアカウントを取得した場合、ほかのブログや
ホームページでは、そのアドセンスアカウントを利用できません。ほかの
媒体でも Google アドセンスを使って広告収入を得たい場合は、ブログなど
でアドセンスの審査を突破し、アカウントを取得することをおすすめしま
す。

　なお、アドセンスアカウントは 1 個人（1 法人）で 1 個しか取得できま
せん。複数取得をしないよう、気をつけましょう。

　今回は、YouTube で取得する場合の流れを説明します。

　YouTube の収益化審査を通過すると、「Google アドセンスと紐付ける」
という項目がページに表示されます。その項目をクリックすると、アカウ
ントを作成するか、持っているアドセンスアカウントでログインするか、2
つの選択肢が出てきます。今回はアドセンスアカウントを初めて取得する
ので、新しくアカウントを登録していきます。

　まず、自分の Gmail アドレスでログインをします。ログインする Gmail
アドレスは、管理の都合上、YouTube のために作った Gmail アカウントが
良いでしょう。

　次に、アドセンス登録に必要な個人情報を入力します。これで、アドセ
ンスアカウントの作成、YouTube チャンネルとの紐付けが完了します。ア
ドセンスアカウントへの登録は、法人か個人かで選べるので、どちらか選
択して作成してください。

　以降は、YouTube 動画の管理画面から動画の収益化ができるようになり
ます。

　チャンネルの収益化とアドセンスアカウントの取得、紐付けが完了した
ら、YouTube の「アップロード動画のデフォルト設定」に、以下のように
「収益化」の項目が出てきます。

■ 収益化の設定画面

　すべての項目にチェックを入れて保存しておくと、以降の動画にすべて
広告が入るので便利です。

▶▶ Google アドセンスアカウントの認証

　アドセンスアカウントの設定はここまでで完了です。しかし、収益が振
り込まれるようにするには、アドセンスアカウントの認証が必要です。ア
ドセンスアカウントの認証では、以下の2つの確認が必要です。

- **住所**
- **受け取り先の銀行口座**

　Google アドセンスアカウントを登録すると、登録時に入力した住所に、
認証コードが書かれた紙がGoogleから郵送されてきます。これに書かれた
認証コードを Google アドセンスのページで入力すると、住所の認証が完了

します。

　次に、収益が溜まると、Google アドセンス側の支払い準備が整います。すると、あなたの受け取り先の銀行口座の入力を求められます。Google アドセンスのページで口座情報を入力します。

　設定が完了すると、まず数十円が銀行口座に振り込まれます。その入金額を確認し、入金された金額を Google アドセンスのページで入力します。この金額が合っていれば銀行口座の認証が完了します。

　認証完了以降は、毎月 21 日～ 26 日くらいに前月のアドセンス報酬が振り込まれます。しばしば振り込みが遅れたりするので、その際は Twitter などで同じような状況の人がいないか調べると良いでしょう。

　これで、収益を受け取れるようになります。

動画のアップロード方法

　最後に、動画のアップロード方法について説明します。

　YouTube トップ画面右上のビデオカメラのアイコンをクリックし、「動画をアップロード」をクリックします。

■ **動画のアップロードボタン**

すると、以下ようなアップロード画面に移ります。

■ **動画のアップロード画面**

　この画面で、「ファイルを選択」で自身の PC 上にあるデータをアップ
ロードするか、デスクトップなどからアップしたいデータをドラッグ＆ド
ロップすることで、アップロードできます。

▶▶ **動画情報を設定する**

　アップロードが始まると、動画情報の設定ができる以下ような画面に変
わります。

動画情報設定画面

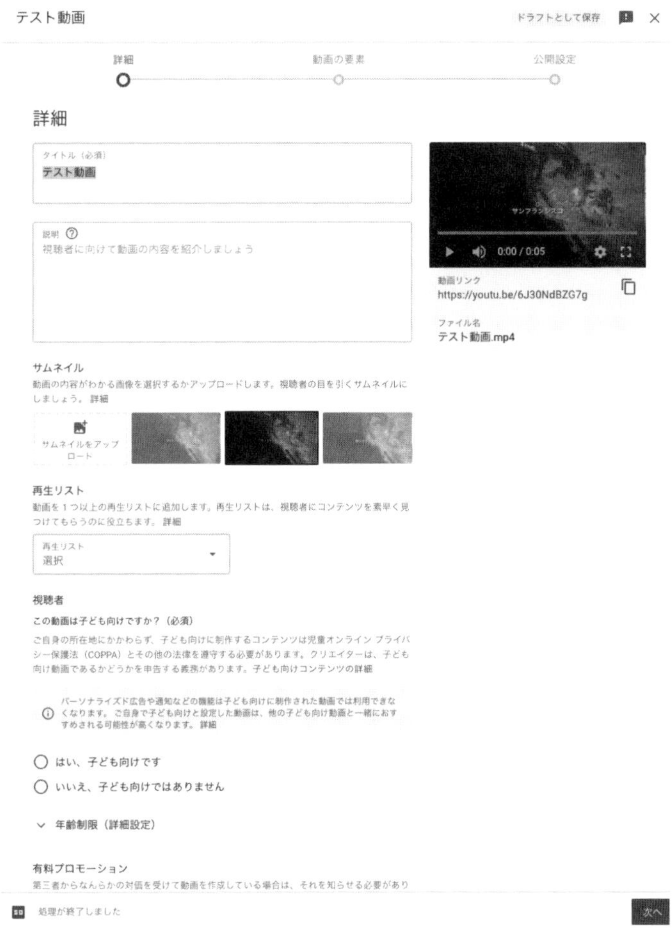
テスト動画
ドラフトとして保存
詳細
動画の要素
公開設定
詳細
タイトル（必須）
テスト動画
説明
視聴者に向けて動画の内容を紹介しましょう
0:00 / 0:05
動画リンク
https://youtu.be/6J30NdBZG7g
ファイル名
テスト動画.mp4
サムネイル
動画の内容がわかる画像を選択するかアップロードします。視聴者の目を引くサムネイルにしましょう。詳細
サムネイルをアップロード
再生リスト
動画を１つ以上の再生リストに追加します。再生リストは、視聴者にコンテンツを素早く見つけてもらうのに役立ちます。詳細
再生リスト
選択
視聴者
この動画は子ども向けですか？（必須）
ご自身の所在地にかかわらず、子ども向けに制作するコンテンツは児童オンライン プライバシー保護法（COPPA）とその他の法律を遵守する必要があります。クリエイターは、子ども向け動画であるかどうかを申告する義務があります。子ども向けコンテンツの詳細
パーソナライズド広告や通知などの機能は子ども向けに制作された動画では利用できなくなります。ご自身で子ども向けと設定した動画は、他の子ども向け動画と一緒におすすめされる可能性が高くなります。詳細
はい、子ども向けです
いいえ、子ども向けではありません
年齢制限（詳細設定）
有料プロモーション
第三者からなんらかの対価を受けて動画を作成している場合は、それを知らせる必要があり
処理が終了しました
次へ

この画面では、おもに以下の設定をおこなってください。

- **タイトルの設定**
- **サムネイルの設定**
- **再生リストの設定**
- **タグ**

タグに関しては、1番下の「その他のオプション」という項目をクリックすると出てきます。

　なお、「視聴者」という項目には、「この動画は子供向けですか？」という項目があり、回答必須となっています。子供向けでない場合は、基本的に「いいえ、子供向けではありません。」にチェックを入れましょう。

　この項目を子供向けにしていると、広告単価が下がったり、広告が付きづらかったりする傾向にあります。アドセンス報酬狙いで副業をやる場合は、ターゲットを大人向けにしたほうが単価が高くなります。そういった意味でも、子供向けではなく大人向けのチャンネル運営を心がけることをおすすめします。

　再生リストの設定では、「自身のチャンネルの総集編」のような再生リストを1つ作り、すべての動画をその再生リストに毎回追加するようにしてください。

　それ以外の再生リストは、ユーザーが同じ系統の動画をまとめて探しやすくするためにも、何かテーマを決めて再生リストを作成し、同じテーマの動画を振り分けて追加していくことをおすすめします。

　YouTube のアナリティクス指標には、再生リストに追加された数もあります。チャンネルの評価を上げるためにそこまで強い要素ではありませんが、少しでも評価をあげるために、またユーザーの利便性を上げるためにも、作成しておいたほうがいいでしょう。

▶▶ 動画の要素を設定する

　動画情報の設定が終わり「次へ」を押すと、動画の要素を設定する画面に遷移します。

■ 動画の要素の設定画面

この画面では以下の2つを設定できます。

▶ 動画の要素設定

要素	説明
終了画面の追加	動画の最後にリンクボタンを表示させる
カードの追加	右上にリンク文章を表示させる

　終了画面とは、動画の最後20秒の間で、自身のチャンネルのオススメ動画や、チャンネル登録ボタンを表示させることができる機能です。

　筆者のおすすめとしては、以下を1つずつ入れることです。

- **自身のオススメ動画**
- **チャンネル登録ボタン**

ただし、これを入れると、動画の最後に終了画面要素が重なってしまい見えづらくなることもあります。専用のエンディングシーンを作成するか、もしくはこの機能を使わないというのも1つの選択肢になります。

　カード機能とは、動画再生時に、右上にほかの動画や再生リスト、チャンネルやリンクにつながる文章を表示できる機能です。

　この機能は、その動画と関連がある自身のほかの動画の宣伝などに使うことをおすすめします。

　カードは1動画につき、5個入れることができます。しかし、表示される回数があまりに多いと視聴者がストレスを感じてしまうので、とても長い動画でない限りは、シーンの切り替えのタイミングなどに1〜2個入れる程度で良いかと思います。

▶▶ 公開設定をおこなう

　動画要素を設定して「次へ」をクリックすると、最終ページになります。

■ 公開設定画面

このページでは公開設定をおこないます。設定としては、以下の5つの選択肢があります。

▶ 公開設定の選択肢

公開設定	説明
非公開	自分自身しか動画を見られない設定
限定公開	動画のリンクを知っている人しか見られない設定
公開	アップ直後から全ユーザーが視聴・検索できる設定
公開（インスタントプレミア公開）	公開時間を指定できて、それまでの間ユーザーは表示・検索・チャットでの会話ができる設定
スケジュール設定	指定した時間に動画を視聴・表示・検索できる設定

非公開は、自分自身しかその動画を見られない設定です。また、限定公開はその動画リンクを知っている人しか見れない設定です。これらの2つは、家族や友人で動画を共有する場合や、自身の有料講座などを YouTube にアップする際に利用すると良いでしょう。

　YouTube 副業で使うのはおもに以下の3つの設定です。

- **公開**
- **公開(インスタントプレミア公開)**
- **スケジュール設定**

　公開設定では、その時点で動画が YouTube にアップされ、全ユーザーが見られる状態になります。

　インスタントプレミア公開とは、動画の公開スケジュールを設定でき、その指定したスケジュールの時間になるまで以下のような状態にできる機能です。

- **YouTube 上で検索でき、チャンネルトップに表示される**
- **動画自体は指定時間まで視聴できない**
- **視聴可能までの時間に、視聴者がチャット欄で会話することができる**

　人気チャンネルになってくると、プレミア公開で視聴者同士が事前にわくわくを共有したり、動画リンクを拡散してくれたりとメリットが出てきます。

　しかし、ある程度登録者がつくまではこの設定は使わなくても問題ありません。待っている間にほかの動画に視聴者が移るリスクのほうが初期は高いので、公開かスケジュール設定を使いましょう。

　スケジュール設定とはその名のとおり、動画の公開タイミングを指定することができます。

　YouTube 運営において、「決まった時間に定期投稿する」ということが、ファンを増やしていく重要なコツの1つです。たとえば、「19時公開」の

ようにチャンネルの動画アップルールを作って、その時間にアップすることをおすすめします。

　基本的には、「スケジュール設定で決まった時間にアップし、急ぎでどうしても動画を出したいときは公開」という使い方が良いでしょう。

　最後に「保存」を押したら動画のアップが完了します。

第 **3** 章

動画づくりの基本

編集ソフトやカメラを用意する

この章では動画の作り方について説明します。

まず、動画作りに必要な編集ソフトとカメラを用意します。とはいえ、使うPCのスペック（能力）やOS（WindowsかMacか）によっても使う動画編集ソフトが変わってきます。ここでは推奨のソフトの説明に留め、ソフトのくわしい操作の説明は、特典動画の説明講座にて、扱いたいと思います。

▶▶ 編集ソフトを選ぶ

基本的に、編集ソフトには以下の3つの機能があれば問題ありません。

- カット機能
- BGM挿入機能
- テロップ挿入機能

これらの機能は、ほとんどのソフトに備わっている機能です。MacでもWindowsでも共通でよく使われている動画編集ソフトとしては、以下のものが挙げられます。

- Adobe Premiere
- Fimora
- Camtasia

基本的には有料のものが多いですが、無料体験期間が用意されているものも多いです。体験版で使い方を試してみて、自分に合うソフトを選びましょう。特に、Fimoraは無料体験版が用意されていて、Fimoraのロゴが動画内に入ってしまうものの、無料で動画を作成することもできます。

　ハイレベルな動画編集をしたい場合は、Adobe Premiere がおすすめです。使い方が複雑で、操作をマスターするのがむずかしいソフトですが、いったん慣れてしまえば作りたい動画をハイレベルで編集できます。

　もちろん、Adobe Premiere 以外でも必須機能を備えていれば、動画編集は可能です。まずは、よりかんたんに操作できるソフト動画編集に慣れ、もっと凝った編集をしたい場合は Premiere など高機能なソフトを検討するという流れで検討すると良いでしょう。

　また、Mac ユーザーの場合は、iMovie という編集ソフトがデフォルトで入っています。無料で利用できるソフトのなかではかなりハイレベルな編集を実現できます。ただ、唯一難点がテロップ入れの自由度が低いところです。テロップを多く入れたい場合は有料ソフトを検討しましょう。

▶▶ カメラを用意する

　カメラについては、最初はスマートフォンを利用しても問題ありません。現代のスマートフォンの機能レベルは格段に向上していて、YouTube 動画撮影も可能になっています。

　特に、最新の iPhone に関しては、実際に映像制作を生業としている方も使っています。YouTube の動画投稿用程度であれば十分カメラとしての機能を果たせます。

　また、スマートフォンで動画編集まで完結させることも可能ではあります。しかし、効率面を考えると、PC の編集ソフトでおこなうほうが良いでしょう。スマートフォンでの動画編集方法も、特典動画では扱っています。

動画の構成の基本

基本的に、すべての動画の構成は以下のようになることが多いです。

(1) オープニング
(2) 本編
(3) エンディング

この中で視聴者に最も見てほしい部分は、もちろん本編です。この本編の編集で気をつけるポイントは「カット」です。

現代の視聴者は、時間に追われている人が多いです。そのため、無駄なシーン（しゃべっていない部分のシーンなど）はできるだけカットして、視聴者を飽きさせない工夫をすることが非常に重要です。

トークに自信がある方は、ノー編集（ノーカット）で出すのも1つの魅力にはなりますが、動画作成の初期は、しっかり無駄な部分をカットすることを特に意識してください。

動画の素材を用意する

視聴者を飽きさせないためには、以下のような要素も重要です。

- **BGM**
- **SE(効果音)**
- **イラスト、画像、動画素材**

特に BGM は、チャンネルのイメージに直結します。以下のような3つの BGM を用意し、シーンごとに切り替えて動画に挿入しましょう。

- 楽しいシーン用の BGM
- シリアスなシーン用の BGM
- どのシーンでも使える汎用的な BGM

　SE（効果音）は、何かリアクションをした時やモノを出すときの「ドドン！」や「バーン！」などの音のことです。動画の内容に合わせて SE を細かく入れることにより、視聴者を飽きさせないようにできます。チャンネルの特色にもよりますが、BGM と同様にいくつかストックしておき、積極的に動画内に入れていきましょう。

　イラストや画像、動画素材は、何か説明をする時に使うと、視聴者があなたの説明をイメージしやすくなります。これらもストックがあると動画編集の幅が広がります。

▶▶ 素材を入手する

　動画素材は、自作のものであれば問題ありませんが、他人が作成した素材を利用する際には、著作権に注意する必要があります。

　基本的に、他人が作成した素材には著作権があり、無許可で利用することはできません。しかし、著作権は非常に複雑で、許可を得たりするのもむずかしい作業になります。

　そこで、素材をかんたんに入手するには、著作権フリーの素材を提供しているサイトやサービスを利用するのをおすすめします。これらのサービスであれば、煩雑な作業なく素材を使うことができます。

　ただし、提供サイトによっては、動画の説明欄に引用元としてサイト名やリンクを記載しなければならないものも多いので、そこは必ずご利用のサイトやサービスの規約を確認してください。

オススメ BGM & SE サイト

▶ **MusMus**

URL https://musmus.main.jp/

汎用性の高い BGM が多いイメージのサイトです。BGM の利用目的からも BGM を探せるので、初心者には使いやすいでしょう。

▶ **Music Note**

URL https://www.music-note.jp/

私自身もかなり利用しているサイトです。効果音もある程度そろっている印象があります。

▶ DOVA-SYNDROME

URL https://dova-s.jp/

かなりレベルの高い BGM が多いサイトです。その反面、著作権もかなり
厳しく、利用規約に則って利用をしても、著作権違反を指摘される例が
いくつか報告されています。

しっかりと異議の申し立てをすればだいたい解除されますが、初心者の
方はびっくりしてしまうと思うので、上級者向けとなります。

オススメ素材サイト

▶ いらすとや

URL https://www.irasutoya.com/

公共団体も利用していることが多いので、目にしたことがあるイラスト
が多いでしょう。かわいいイラストが多いですが、その反面チープに見
えがちなので、きれいめな素材が好みの方はほかのサイトの利用をオス
スメします。

▶ PIXTA

URL https://pixta.jp/

無難な使いやすい素材が多いサイトです。基本的に有料のものがほとん
どですが、週替わりでフリーの素材も提供されているので、そちらで素
材集めをしてもいいかもしれません。

▶ envato elements

URL https://elements.envato.com/

海外サイトで、かつ月額の素材サービスです。しかし、画像素材、動画
素材、BGM、SE とかなり使い勝手の良い素材を提供しています。実際
に私も契約しているオススメ素材サービスです。

こちらを契約すると、envato の傘下サービスである「twenty20」とい
う写真素材サービスの画像もダウンロードし放題になるので、かなりオ
ススメです。

サムネイルを編集する

　サムネイルは、YouTube において非常に重要な要素です。サムネイル画像を制作するための編集ソフトも用意しておきましょう。

　動画編集ソフト同様、PC によっても変わりますが、Mac、Windows 共にオススメなソフトは以下のとおりです。

● Microsoft PowerPoint

　マイクロソフトが提供しているプレゼン資料作成ソフトです。PC 仕事で使われている方も多いでしょう。YouTube のサムネイルは PowerPoint でも十分作成できます。

● Keynote

　Mac 専用ですが、PowerPoint のように使える資料作成ソフトです。スタイリッシュなテンプレートやデザインが多く、サムネイル作成にはかなり重宝します。

● Photoscape

　Windows、Mac 共に使える無料ソフトです。操作が直感的で使いやすく、機能も無料にしてはかなりそろっています。YouTube 副業で利用している方が多い印象です。

フォントを用意する

　動画には、テロップやサムネイルで文字を入れることが多々あります。その際に、さまざまなバリエーションで自身の特色を出していくうえで、フォントスタイル（字体）の選択は非常に重要です。

　フォントは、基本的に PC にデフォルトで入っているもの（Windows で

あれば、「MS 明朝体」や「MS ゴシック体」など）と、Web 上からダウン
ロードして、PC にインストールするものがあります。

　デフォルトのフォントスタイルだと特定のフォント一辺倒になってしま
い、自身の表現したいイメージに合うものが無くなってしまうことがあり
ます。フリーフォントを事前に PC にインストールしておくことをおすす
めします。

　Web 上で「フリーフォント かわいい」や「フリーフォント かっこいい」
などのキーワードで検索すると、フリーフォントのまとめがかなり出てき
ます。自身の気に入ったフリーフォントを多めにインストールしておきま
しょう。

第4章

動画の再生数を
上げるワザ

アクセスの重要性

　YouTube をビジネスに活用するには、アクセスを集めることが何よりも重要になってきます。

　特に副業では、再生数（正確には広告の表示回数）に応じて広告収入を得られる Google アドセンスで収益を得る手法がメインになります。当然、アクセスがないと収入はあがっていかないわけです。

　これは、後述する Google アドセンス以外から収益を得る方法でも同様です。アクセスを集めることができなければ、その後にグッズや講座を販売したり、店舗に集客したりすることができません。

　本章では、YouTube でアクセスを集める基礎的な考え方やテクニックを紹介します。

動画を定期的に投稿する

　あなたが芸能人や有名人ではない限り、最初はまったくと言っていいほど再生数が集まりません。10 回以下の再生数の動画が出てくることも頻繁にあります。ただ、その状況に絶望しないでください。私含め、YouTube 副業を始めた人は最初必ずそのような状況を経験します。

　この状況を打破するためには、定期投稿が非常に重要です。

▶▶ 動画の"量"がアクセスを集めやすくする

　YouTube は、動画をアップすればアップするほど（チャンネルに動画が溜まるほど）アクセスが集まりやすくなるアルゴリズムになっています。これには、YouTube 上での「チャンネルレベル」が大きく影響してきます。動画がチャンネルに溜まるほど、このチャンネルレベルが上がり、YouTube があなたの動画をいろんな人の目に触れやすくしてくれるよう

になります。

　また、今までアップした動画の関連動画から、新しくアップした動画へもアクセスが流れてきます。さらに、チャンネル登録者が増えれば増えるほど、定期的に新しくアップした動画を登録者さんが見てくれる件数がアップします。これらも動画をアップすればするほどアクセスが集まりやすくなる要因の1つです。

　小手先のテクニックよりも、まずは「量をこなす」という考え方をなによりも大切にしてください。

▶▶ 決まった曜日・時間に投稿する

　生活スタイルや本業の兼ね合いにもよるとは思いますが、最も理想的なのは「決まった曜日に決まった時間に定期投稿する」ということです。

　決まった曜日、決まった時間に動画をアップすることにより、今まで動画を見てくれた視聴者が、習慣的にあなたがアップする動画を見てくれるようになります。このリズムを作ることがアクセスを集めるうえで非常に重要です。

　可能あれば、「毎週火・木・土曜日19時に定期投稿！」とチャンネルの概要欄や動画内で視聴者に周知しても良いでしょう。

　自身の作業の習慣化のためにも、定期投稿は非常に重要です。ぜひトライしてみましょう。

▶▶ 動画作りを毎日おこなう

　投稿日を設定したとしても、その当日になって慌てて動画を撮ったり編集すると大変です。結局「明日でいいや……」となり、だんだん投稿が無くなっていきます。これはほかのビジネスでも一緒です。

　おすすめは「毎日短時間でもいいから動画作りに関わる行動をする」と自身で決めることです。たとえば、「毎日夜ご飯を食べた後10分はPCの前に座って動画編集をする」とかですね。

人間は最初の動き出しに最もパワーを必要とします。自転車の走り出しと一緒です。逆に、始めてしまえば、案外手が動いてくるものです。「10分って決めてたけど、途中までやったし最後まで編集終わらせてしまおうか」という思考になったら、しめたものです。

　時間は短くても良いので、自身の都合が良いシチュエーション、タイミングに「10分だけ作業する」のような決まりを作ってみてください。

アクセスがあるキーワードを狙う

　動画のタイトルや説明欄に入力するキーワードによって、アクセスの集まり方にかなりの差が出てきます。

　たとえば極端な話ですが、著者である私「郡司健汰」と元 SMAP の「木村拓哉」というキーワードと比較したとき、検索需要があるのは圧倒的に「木村拓哉」だとだれでも理解できるでしょう。

　当然、そもそも検索需要がない（＝視聴者の需要がない）キーワードを使って動画をアップしていても、アクセスは集まりません。

　アクセスを集めるために最も近道である方法は、運営しているチャンネルのテーマに関連するキーワードのなかで、アクセスがある（＝視聴者の需要が高い）キーワードをリサーチし、そのキーワードが使える動画を企画して作っていくことです。

　ここでは、アクセスがあるキーワードをどのように探せばよいか、一般的な方法をいくつか紹介します。

▶▶（1）気になるキーワードを YouTube で検索する

　1 つめは、YouTube 自体の検索を使った探し方です。

　まず、運営しているチャンネルのテーマに関連するキーワードをいくつか書き出し、片っ端から YouTube の検索欄に入れて検索してみてください。その検索結果で、需要があるかどうか判断するために、以下のような

要素を確認します。

- **検索でヒットする動画数が多いか**
- **上位表示されている動画の再生数が多いか**

　ここで、「まったく動画数がヒットしない」「上位に表示されている動画の再生数が少ない（10万再生以下）」であれば、あまり需要のないキーワードだと判断できます。

　最もアクセスを集めやすいキーワードは、「ヒットする動画数は比較的少ないが、ヒットする動画の再生数が膨大である」キーワードです。このキーワードは、需要はあるものの動画数がYouTube上で少なくて供給が追いついていないキーワードです。こういうキーワードを見つけることができれば、容易にアクセスを伸ばすことが可能です。

▶▶（2）テレビ番組の企画で使われているキーワードを抜き出す

　テレビ離れが加速している昨今ですが、マスメディアの力はまだまだ偉大だとYouTubeに関わっていると感じます。

　たとえば、著作権上完全にNGですが、いまだにテレビ番組を違法コピーしたものがYouTubeにアップされると莫大なアクセスを叩き出しています。当然、テレビ番組をコピーすることは違法なので、絶対にそのようなことをしてはいけません。すぐにYouTubeから動画やチャンネルを削除されてしまいます。当然、広告を貼ることも原則できません。

　しかし、テレビ番組の企画で使われているキーワードを使って企画を立てて動画を作ることはできます。

　たとえば、『水曜日のダウンタウン』というテレビ番組があります。この番組では、芸人が持ち寄った企画を実際に番組内で検証していくコーナーがメインです。この番組の影響で、【検証】というキーワードがYouTubeでとてもアクセスを集めやすいものになりました。

調べてみるとわかりますが、たくさんの YouTuber が【検証】のキーワードを使った企画の動画をアップして、たくさんのアクセスを集めています。

【モニタリング】、【逃走中】などのキーワードも同様で、テレビ番組の有名企画の人気により、YouTube 上でアクセスを取りやすいキーワードに成長しました。

テレビを日常的に見るのであれば、有名番組の企画に使われているキーワードを見つけたら、こまめにメモをするよう心がけましょう。そのキーワードを使って自身のチャンネルで動画を作れないか、常々考えてみてください。

▶▶ (3) 自身のチャンネルと同ジャンルのチャンネルから キーワードを発掘する

YouTube 副業だけでなく、立ち上げたばかりのビジネスにおいては「モデリングをする」という考え方が非常に重要です。モデリングとは「参考にする」という意味だと理解してください。全部を真似することは良いことではありませんが、うまくいっている手法を参考にすることが成果を出す近道です。

私自身、何かしらのサービスを創出するときは、うまくいっている関連サービスをめちゃくちゃリサーチして、うまくいっている理由を探し出し、参考にしています。

YouTube ビジネスで成果を出したいのであれば、自身が運営するチャンネルに近いテーマで、成果を出しているほかのチャンネルをベンチマークして参考にしていく、リサーチしていくことは、成果を出すうえで必須になります。

具体的には、参考にするチャンネルで多く再生されている動画に使われているキーワードをピックアップするようにしてください。

ここで見つけられたキーワードは「隠れたお宝キーワード」であることが多いです。(1) でも説明したとおり、以下のようなキーワードである可

能性が高いのです。

- **検索需要はあるが、動画数が少ないキーワード**
- **表面的な検索需要はないが、潜在的に需要のあるキーワード**
- **今後需要が出てくるキーワード**

　こういうキーワードを見つけられると、ライバルに大きな差をつけることができます。「お宝キーワード」を見つける意識で YouTube の動画を見てみてください。

サムネイル力を鍛える

　サムネイルとは、動画の表紙のことです。この作り方がうまくなればなるほど、アクセスは集めやすくなります。

▶▶ アクセスを集める入り口を知る

　ここで少し考えてみてください。以下のうち、YouTube で最もアクセスを集める入り口はどれでしょうか？

(1) 検索
(2) 関連動画
(3) あなたへのオススメ（YouTube のトップページ等に表示される動画）

　多くの YouTube ビジネス初心者は「(1) 検索」と答えますが、現実はまったく違います。答えは「(2) 関連動画」です。
　関連動画とは、動画を視聴している際に、動画の右側や下側に表示される、文字どおり「今見ている動画に関連している動画」です。

なぜ、関連動画からのアクセスの比重が高くなるのでしょうか。具体例を挙げてみましょう。以下のような流れで動画を視聴するケースはとても多いのではないでしょうか。

(1)好きなアーティストの新曲の PV を YouTube で検索し、視聴する
(2)動画を見終わったあとに、関連動画にそのアーティストのライブの動画が表示されていて、なんとなくそれをクリックする
(3)そのアーティストに少し飽きてきた頃に、表示されていた別の気になるアーティストの動画をクリックする
(4)気になる動画のループでいつの間にか時間が経過していた……

　このように、YouTube ユーザーの多くが、関連動画によって YouTube 上を回遊しているのです。

　チャンネルや動画ジャンルによりますが、動画再生数全体の 6 割前後が関連動画からの再生となることが多いです。つまり、この関連動画からのアクセスを攻略できれば、YouTube 上でアクセスを集めることが容易になるのです。

▶▶ サムネイルで視聴者の目をひく

　関連動画でアクセスをとっていくうえで重要な要素はいくつかありますが、最重要なのはサムネイルでしょう。

　視聴者の多くは、今見ている動画を見終えると、関連動画に目を向けます。その際に、まずに目に留まるのはサムネイル画像です。気になるサムネイルの動画があれば、次にタイトルを見て自分が見たい動画か判断し、最後にクリック、という流れになります。

　つまり、視聴者の目をひくサムネイルでなければ、すぐさま動画をスルーされてしまい、アクセスにつながらないのです。

　逆に、クリック率が高いサムネイルを作ると、関連動画からのアクセスは増えます。増えたアクセスはさらにアクセスを呼び込みます。YouTube

はアクセスが多い動画を「良質な動画」だと判断し、さらにいろんな人の目に触れるように、たくさんの場所に表示してくれるようになります。

　良いサムネイルを作るためには、自分のチャンネルに関連していて、成功しているほかのチャンネルのサムネイルを常に確認しておきましょう。そのサムネイル画像の構成や、使われている文字の色やフォントはモデリングするようにしてみてください。

　たとえば、YouTube ビジネスに熱心に取り組んでいる方は、参考になるサムネイルを自身の PC やスマホに保存しています。これをおこなう際には、「YouTube サムネイル URL 取得」という Web サービスが非常に便利です。

- **YouTube サムネイル URL 取得：**

https://html-css-javascript.com/youtube-thumb/

■ YouTube サムネイル URL 取得ページ

　サムネイルのレベルは、YouTube ビジネスにおいて大きな差が現れるポイントです。正直な話、YouTube に関する基礎的な知識は、1 年目の方も数年やっている方も、そこまで差は出ません。今まで私が見てきたたくさ

んの生徒やコンサル生の中で、最も大きな差が出た要素は、サムネイルを見る／作る力でした。サムネイル力は重点的に鍛えていくようにしてください。

▶▶ 良いサムネイルの３つの要素

　では、いいサムネイルとはどのようなものでしょうか。これはジャンルによっても変わってくるので一概には言えませんが、おもに以下の３要素は共通して重要だと思います。

(1)大きな文字でわかりやすい言葉が入っている
(2)文字色をごちゃごちゃと入れすぎない
(3)動画の結末をサムネイルで暴露しない

　初心者の方で多いのは、この３つを逆にしてしまうケースです。「小さな文字でたくさんの色を入れてごちゃごちゃしてしまう」「動画のオチが説明されてしまっている」などです。
　特に文字を入れる場合は、以下の３つを意識してみましょう。そのうえで、ほかのチャンネルのサムネイルも研究してみてください。

- わかりやすい大きな文字
- 色数は多くても３色まで
- 答えを言わない

別媒体からアクセスを流し込む

　YouTube は、外部からのアクセスを裏評価として優遇する傾向にあります。外部とは、Web ページや Facebook、Twitter、Instagram などの SNSのことです。

▶▶ 外部からのアクセスは YouTube の評価が高い

YouTube（Google）は、企業の広告収入からおもな収益をあげています。つまり、YouTube を利用するユーザーが増えれば増えるほど、広告主から見た広告の価値が高まり、広告の出稿が増える（= YouTube の収益が増える）というわけです。

ほかのプラットフォームサービスも同様ですが、YouTube も新規顧客、新規ユーザーをどんどん増やしたいと考えています。そのため、外部のお客さんを YouTube に流し込む行為は、評価として優遇されてくるわけです。

▶▶ Twitter か Instagram を運営しよう

動画制作に慣れてきたら、別媒体からアクセスを流し込むために、ほかの媒体も最低1つは運営するといいでしょう。

おすすめは、Twitter か Instagram です。この2つの SNS は、それぞれ特徴があります。

たとえば、自身が飼っているペットの動画を YouTube にアップしている場合は、Instagram を使うと画像が映え、YouTube への宣伝にもつながります。考察系のチャンネルを運営しているのであれば、いろいろな議論が展開されている Twitter を運営するのが良いでしょう。あなたの主張に対してのファンが付く可能性が高くなります。

Twitter や Instagram で YouTube にアクセスを呼び込むためには、「動画の一部を Twitter ／ Instagram で投稿する」という方法があります。YouTube にアップした動画の冒頭やハイライト部分を Twitter ／ Instagram にアップし、「フルバージョンは YouTube にアップしています」と誘導するのです。

この手法は非常に効果的なので、ぜひ試してみてください。

コメント返信を徹底する

　動画につくコメントは、YouTube 上の評価に直結します。これは、YouTube 自体がテーマとして「コミュニティ化」を重視していると言われているためです。かんたんに言うと、「YouTube 上でユーザーがコミュニケーションを取り、長く YouTube に滞在してほしい」という話です。そのため、コメントの数は、その動画やチャンネルの評価において非常に重要な要素になります。

　最終的な理想を言えば「たくさんコメントしてもらえる動画を作る」ということですが、まず初心者でもできる第一歩として、「動画についたコメントすべてに対してしっかり返信する」という方法があります。

▶▶ コメント返信のメリット

　コメント返信を徹底すると、以下のようなメリットがあります。

- **チャンネル評価をさらに上げられる**
- **コメント返信から再生アクセスを得られる**

　動画につくコメントが YouTube での評価につながると述べましたが、チャンネル運営者自身が返信したコメント数も YouTube 上の評価にカウントされます。そのため、コメント返信を徹底することで、動画のコメント数を自然に増やし、評価を上げることができるのです。

　また、コメントを返信すると、コメントをしてくれたユーザーに通知が届きます。すると、その返信を見るために、そのユーザーが再度動画を見に来てくれる可能性が高まります。1 再生がコメント返信によって 2 再生になるわけですね。この積み重ねがアクセス数アップのために非常に重要です。短文でもいいのでコメント返信は可能な限り徹底しましょう。

▶▶「炎上」もアクセスアップのチャンス

チャンネル運営をしていると、面倒なユーザー同士がコメント欄で白熱したバトルをくり返す場面に遭遇します。いわゆる「炎上」の初期のような状態です。

ほとんどの動画投稿者はその状況を見てストレスに感じるかもしれません。しかし、私は逆にチャンスだと思い、しめしめと思いながらバトルを見守ります。なぜなら、そのユーザーたちがコメント欄でやり合うたびに、コメント数と再生数がどんどん増えていくのです。

そのバトルに第三者が乱入するとさらに「炎上」の火が大きくなりますが、そうなればしめたものです。もしそのような場面に遭遇したら、不安に感じるのではなく、しめしめと思いながら見守ってみてください。

▶▶「感謝＋ひと言」で返信しよう

コメント返信の内容は、基本的に「感謝＋ひと言」の構成にすると、まずまちがいありません。

たとえば、「○○のシーンめっちゃ笑ったw」というようなコメントがついた場合は、以下のような返信です。

「ご視聴ありがとうございます！○○のシーンは本当に大変でした……。よろしければチャンネル登録お願い致します！」

最後のチャンネル登録へ誘導する言葉は、見たことがない名前のアカウントであれば入れる程度でも良いでしょう。頻繁にコメントをくれるユーザーは、すでにチャンネル登録を済ませていることが多いです。

また、コメント返信ではありませんが、チャンネル運営者はついたコメントに対して「ハートマーク」をつけることができます。これは、「しっかりあなたのコメントを見ていますよ」という意思表示になり、コメントをつけてくれたユーザーも喜んでくれます。どうしてもコメント返信ができ

ないときは、とりあえずついたコメントにハートをつけることを心がけてください。

▶▶ 誹謗中傷コメントへの対応

あまりにもひどい誹謗中傷的なコメントがついた場合、そのユーザーのコメントを非表示にすることで対応するのが良いでしょう。

特定のユーザーのコメントを非表示にするには、YouTube Studioのコメント管理画面で、「このユーザーのコメントを非表示にする」という設定をおこないます。

この非表示設定をおこなうと、コメントをしたユーザー当人のコメント欄には普通にコメントが表示されますが、ほかのユーザーのコメント欄には表示されなくなります。

動画についたコメントは削除もできますが、コメントを削除した場合、「都合が悪いコメントは消すんだな」という悪いイメージを持たれてしまう可能性があります。特に、そのような誹謗中傷コメントを残すユーザーは、さらに逆上してコメントしてくることもあります。それを避けるためにも、非表示にするのがおすすめです。これが最も平和的な解決方法なので、ぜひ試してみてください。

ほかのチャンネルとコラボをする

同じくらいのチャンネル登録者のいるチャンネル、もしくは自分以上のチャンネル登録者のいるチャンネルとコラボ動画を企画できると、爆発的にアクセスがアップします。特に、似たようなテーマでチャンネル運営をしている者同士でコラボ企画をやると、コラボ相手の登録者が、いっきに自分のチャンネルに流れ込んできます。極端な場合、コラボできる先がたくさんあればそれだけで登録者数万人を目指せてしまうレベルです。

▶▶ コラボへの高いハードルを知る

しかし、コラボは非常に難しい上級テクニックで、実践のハードルが高い方法です。

まず、コラボをする相手を見つけること自体が難しいです。コラボとなると、相手にもメリットがなければ当然コラボをしてくれません。

また、コラボしたい相手が事務所所属のチャンネルの場合、「事務所を通してください（＝お金が発生しますよ）」となります。自分のチャンネルがある程度アクセスを集められるチャンネルでなければ、なかなか現実的ではありません。

さらに、いきなり「コラボしてください！」と連絡しても、どこのだれかよくわからない人とは、だれもコラボしてくれません。相手との信頼関係をある程度構築する必要があります。

▶▶ 事務所を介さないチャンネル運営者とのつながり方

理想的なのは、事務所に所属していない一般の運営者とつながって、コラボを企画できることです。個人で副業やビジネスをやるうえでできることの1つとして、同じ個人の運営者とのつながりを作っていくことは、非常に重要です。

私が実践してきた方法を例として紹介します。

まず、コラボしたい相手に自分の存在を知ってもらうために、相手の動画にコメントをして、名前を覚えてもらいます。合わせて、相手が運営している別の媒体（Twitter や Instagram など）があれば必ずフォローし、情報をチェックします。

ある程度「相手が認知してくれたかな？」というタイミングで、Twitter や Instagram の DM（ダイレクトメッセージ）で連絡を取り、コラボを打診してみます。

コラボできるようになると、「今までの苦労はなんだったんだろうか？」というレベルでチャンネルが成長します。すぐに実践するのは難しいかも

しれませんが、頭の片隅にこの考えは置いておいて、チャンスがあれば試してみてください。

ショート動画を活用する

　YouTube チャンネルをスタートしたばかりでは、アクセスが非常に集まりにくいです。その段階で再生数と登録者を増やすために有効なのが「ショート動画」を活用する方法です。

　ショート動画とは、その名のとおり短い動画をアップロードできる YouTube の新機能です。「YouTube ショート」とも呼ばれます。

■ ショート動画のイメージ画面

ショート動画には以下のような特徴があります。

- **長さは最大 60 秒**
- **縦向き動画で専用のレイアウトで再生される**
- **チャンネルや YouTube トップページの「ショート」部分に表示される**
- **スマートフォンからの投稿のみ可（2021 年 2 月現在日本において）**

ショート動画は、ほかの短編動画投稿アプリ（TikTok など）のように、ユーザーがパッパッと流し見するようなものになっています。そのためか、動画の長さを「15 秒」にすることが、YouTube によって推奨されています。

▶▶ ショート動画を作る

YouTube に用意されている「YouTube ショートカメラ」という短編作成ツールを使うと、かんたんにショート動画を作成できます。

YouTube ショートカメラでは、複数のクリップを撮影して、最大 15 秒までの動画を作成します。なお、ショート動画を 15 秒で作成することは、「視聴者が手軽に楽しめる」という理由で YouTube によって推奨されています。

また、動画作成の際には、以下のようなクリエイティブ機能も利用できます。

▶ **YouTube ショートカメラのクリエイティブ機能**

機能	説明
音楽	自由に使用できる曲を一覧から選べる
スピードコントロール	録画速度を速くしたり遅くしたり調整できる
タイマー	ハンズフリーで録画できる「カウントダウン」や、自動で録画が停止する「停止位置」を設定できる

くわしい使い方や作成方法については、以下の YouTube のヘルプページも参照してみてください。

- **YouTube ショートのヘルプページ：**
  https://support.google.com/youtube/answer/10059070?hl=ja

▶▶ ショート動画のアップロード方法

ショート動画は以下のような流れでアップロードできます。

(1) 自身のスマートフォンにショート動画用の縦動画を用意する
(2) スマートフォンの YouTube アプリでチャンネルのアカウントとしてログインし、画面下の「＋」ボタンから「動画のアップロード」を選択する
(3) アップロードしたい縦動画を選ぶ
(4) タイトル、説明欄などの情報を入れてアップロード完了

タイトルや説明欄には「#Shorts」というハッシュタグを入れておきましょう。このハッシュタグの動画は、YouTube 側がショート動画だと認識し、ショート動画専用の枠に動画を露出してくれるようになります。

▶▶ ショート動画でできること

ショート動画機能の登場によって、以下のようなメリットが得られるようになりました。

- 初心者だったりチャンネルが弱くても再生数を稼ぎやすい
- チャンネル登録誘導に特化したデザインになっているので、登録者を増やしやすい
- 現在 YouTube が推している機能なので、たくさんのユーザーにリー

チしやすい

　デメリットとしては、「ショート動画からは収益が得られない」という点
があります。しかし、現時点では収益は発生しませんが、今後収益化も視
野に入れているとのことです。

　たとえ収益が発生しないとしても、ショート動画を使えば登録者増加・
再生数増加を目指せます。私が見てきた具体例として、「登録者数人、平均
の動画再生数が100回以下だったチャンネル」が、数千の再生数と登録者
を獲得したこともありました。

　チャンネル立ち上げ初期にこそ、ショート動画は有効に活用できます。
ぜひ試してみてください。

第5章

チャンネルにファンを
増やす戦略

ファンを増やす重要性を知る

　YouTube のアルゴリズムは、ユーザーが求める動画を優先的に目立つところに表示させるようにプログラムされています。ユーザーが求める動画というのは、以下のような動画です。

- **普段見ている動画のジャンルに関連した動画**
- **チャンネル登録をしているチャンネルの動画**

　本章では、「チャンネルのファン＝チャンネル登録者」と定義して話を進めていきます。実際には「チャンネル登録をしていなくても定期的に検索して視聴するチャンネル」というケースもあるので、正確に言えばこのようなユーザーもファンにあたるのですが、このようなユーザー数やアクセスは数値上見えにくいです。そのため、チャンネル登録者というわかりやすい数字を指標にして、登録者数を増やすことを目的とした内容を扱います。

　チャンネル登録者を増やすと、おもに以下の 3 つのメリットがあります。

- **動画に再生がつきやすくなる**
- **チャンネル登録外のユーザーにも露出が増える**
- **動画の権威性が向上する**

▶▶ 動画に再生がつきやすくなる

　前述したとおり、チャンネル登録をしている動画は、ユーザーの目に止まりやすいところに表示されやすくなります。たとえば、YouTube のトップページ、「あなたへのおすすめ」欄、関連動画などです。チャンネル登録者が増えれば、新しくアップした動画がたくさんのユーザーに表示され、アクセスの入り口が増えるので、必然的に再生がつきやすくなります。

▶▶ チャンネル登録外のユーザーにも露出が増える

　チャンネル登録者数が多いチャンネルの動画は、未登録者のユーザーにも優先的に表示されるようになります。

　実例を1つ紹介します。1年以上動画投稿が止まってしまっているチャンネルで、チャンネル登録者が9500人ほどのチャンネルがありました。投稿が止まっているので、もちろん毎日のアクセスは微々たるものです。しかし、少しずつチャンネル登録者が増えていき、ある日登録者が1万人を突破しました。

　すると、動画投稿がストップしているにもかかわらず、通常時の10倍以上のアクセスが短期的に集まりだし、1か月で登録者がさらに2000人増えました。「9500人→1万人」となるまでに1年以上かかったのに、「1万人→1万2000人」は1か月で増えてしまったのです。

　つまり、チャンネル登録者が1万人を突破したことで露出が増え、さらにアクセスと登録者が増えたと考えられるのです。

　このように、登録者が増えることによって、以下のようなプラスのループができあがります。

「登録者が増えるとさらにアクセスが増える」
→「増えた新規アクセスがきっかけで登録者も増える」
→「さらに増えた登録者数によってさらにさらにアクセスが増える」……

　YouTubeビジネスで収益を上げるためには、アクセス数は最も大切な要素です。稼いでいる人は当然「アクセスが多い＝登録者も多い」となります。

▶▶ 動画の権威性が向上する

　動画の権威性とは、動画情報の信頼度だったり、チャンネルの信用とも言えるでしょう。チャンネル登録者が増えれば、動画の権威性も向上しま

す。

　たとえば極端な例ですが、登録者1人のチャンネルと登録者が1000万人いるチャンネルがあるとします。ユーザーはどちらのチャンネルの情報を信用するでしょうか？　当然、後者のほうが信用されやすいと思います。「これだけファンがいるチャンネルが言っているのだからそうなのだろう」という心理が多くのユーザーの中ではたらくのです。

　登録者が増えて権威性が向上すると、さらに以下のような恩恵があります。

- チャンネル登録者がさらに増えやすくなる
- さらに再生数が増えるようになる
- コメントがさらにつくようになる
- 動画内で視聴者に何かしらのお願いをした時に、行動をしてもらいやすくなる（商品購入や他媒体への登録、コメント依頼など）

　つまり、ざっくりまとめると「さらに稼げるようになる」というわけです。チャンネル登録者＝ファンの重要性を理解したうえで、増やす戦略を学んでください。

ほかのチャンネルとの差別化を狙う

　ここからは、具体的にチャンネル登録者数を増やす戦略を見ていきましょう。

　ここ数年のYouTubeの隆盛により、人気ジャンルはもちろん、ニッチなジャンルでも相当数のライバル、競合チャンネルが登場してきました。たくさんのライバルチャンネルの中でチャンネル登録者を増やすには、ほかのチャンネルとは違った自分のチャンネルの「色」を出す必要があります。

　たとえば、同じ犬種を撮影するペットチャンネルでも、差別化を狙える

要素は、以下のようにたくさんあります。

- 動画の企画の内容
- チャンネルのコンセプト
- 編集の見せ方
- 使われている BGM
- 飼い主が出るか出ないか　など

▶▶「基本コンセプト＋差別化要素 1 つ」でチャンネルを始める

　チャンネルを立ち上げたばかりの初期段階では、まず基本のチャンネルコンセプトを考えます。そのうえで、ほかとはできるだけ被らないエッセンスを 1 つ考え、コンセプトに加えるようにしてください。

　チャンネルの立ち上げ段階では、自分の持っている特徴の中で、どの要素が視聴者に求められているのか、何が視聴者の心に刺さるのか、わからない場合がほとんどだと思います。

　最初は肩の力を抜いて、「基本コンセプト＋ 1 つだけほかのチャンネルとは違う要素」でチャンネルをスタートすることをおすすめします。はじめから、あれもこれも差別化して「オンリーワンのコンセプト」でスタートしようとすると、いつまでたってもチャンネルを立ち上げられません。

▶▶ コメントから独自の「色」を見つける

　チャンネルをスタートしてコメントが集まるようになると、自分の強みを見つけるチャンスが増えてきます。

　たとえば、コメント欄で視聴者が以下のようなコメントを書いてくれるようになります。

・「この編集好き！」

97

- 「オチに使われている BGM が秀逸」
- 「始まりの挨拶がくせになる！」 など

　この状態になったら、自分の強みを見つけるのはかんたんです。多くコメントをもらう内容がチャンネル独自の「色」であり、ユーザーが求めている要素だとわかります。

　自分の強みが見つかったら、その後の動画投稿ではその「色」を意識して動画投稿をおこなってください。すると、ほかとは被らない自身のチャンネルの色が自然と濃く出てきます。ジャンルが似ているほかのチャンネルの動画を見ている視聴者が、自分のチャンネルにアクセスしてくれた際に、自分の強みを気に入ってくれれば、チャンネル登録をしてくれるようになってきます。

　これがチャンネルにファンを増やす基本戦略です。

定期投稿を徹底する

　基本戦略が押さえられたら、即効性があるテクニックも押さえておきましょう。

　第4章でも述べましたが、定期投稿はファンを増やすうえでも重要な戦略です。「毎週月、水、金、土の 19:00 に動画投稿！」などと動画投稿をルール化し、視聴者にもそれを動画内で伝えます。

　こうすることにより、ユーザーの生活において「動画を見る」という行動が習慣化され、定期的に動画を見てくれるようになります。ユーザーは、毎回その時間にチャンネルを探すのは面倒に感じて、チャンネル登録をしてくれる可能性も高まります。

　また、習慣化して見てくれるユーザーが増えると、新しい動画の初動のアクセスが増えやすくなります。チャンネル登録者以外の新規ユーザーにも動画が表示されやすくなるので、アクセス数と登録者を獲得できるチャンスにもなります。

自身の動画制作、動画投稿の習慣化のためにも、できるだけ定期投稿の
ルールを自分で作り、実践することをおすすめします。

コメント返信を怠らない

　チャンネル登録者を増やすためには、コメント欄でのコミュニケーショ
ンも重要な要素です。

　たとえば、講座系のチャンネルで動画を見ている時に、投稿者に質問し
たいことが出てくると、コメントで質問を書きます。

　このときに、「質問コメントを無視するチャンネル」「質問コメントに丁
寧に毎回返してくれるチャンネル」があったとして、どちらをチャンネル
登録したいでしょうか。多くの場合後者のチャンネルでしょう。

　つまり、コメント欄での視聴者とのコミュニケーションは、登録者を増
やすために効果的な要素なのです。

　第4章でもコメント返信のくわしい方法を紹介しましたが、チャンネル
登録者数にも大きな影響を与える重要な要素なので、必ずコメントには返
信するようにしましょう。

独自のBGMや決めセリフを用意する

　チャンネルにファンをつけるためには、動画に使用しているBGMや決
めセリフも非常に重要です。前述したとおり、このBGMや決めセリフが、
そのチャンネルの「色」に大きく影響を与えるからです。

　「このチャンネルといったらこのBGM！」「このチャンネルといったら
このセリフ！」と視聴者に1度認知されると、同じBGMを使っているほか
のチャンネルや、似たセリフを使っているほかのチャンネルのコメント欄
でも存在感を出せます。たとえば、以下のようなコメントです。

- 「この BGM って〇〇チャンネルだよね？」
- 「この『□□』ってセリフ、〇〇チャンネルの挨拶に似てるよね？」

　このように、まったくつながりがないチャンネルでも名前が出ることで、そのチャンネルの視聴者が気になってアクセスしてくれる可能性があります。

　BGM や決めセリフをうまく使い、アクセスを爆発的に伸ばしたチャンネルとしては、以下のようなチャンネルがあります。

▶ きまぐれクック Kimagure Cook

URL https://www.youtube.com/user/toruteli

その名のとおり、料理系のチャンネルです。このチャンネルでは、食材（おもに魚）をさばく前に、投稿主の「かねこ」さんが言う「さばいていくっ！」や実食の際に登場する「銀色のやつ」（「アサヒスーパードライ」の缶ビール）などの名言を生み出し、ほかの YouTuber も真似するほどの人気ワードとなっています。

このような、明日から使いたいオリジナルワードを挨拶や動画の途中に使っていくことで、チャンネルのファン化を進めることができます。

▶ Lazy Lie Crazy【レイクレ】

URL https://www.youtube.com/channel/UCP-
32CzsbLiiIb2LbYk8mZA

おもに、メンバーのひとりである「ともやん」さんがバスケの妙技を披露する動画で成り上がったチャンネルです。

構成としては、「ともやん」さんがバスケ巧者たちと対決し、その動画にほかメンバーがナレーションを入れているという動画が多く、アクセスも集めています。

この動画の定番シーンが終盤にあります。「ともやん」さんがその妙技を披露する瞬間に、ナレーションを入れているメンバーの「ミュージック、

スタート！」の掛け声と共に、テンションが上がる決まった BGM が流れ
るのです。コメント欄でもその BGM を心待ちにしているファンが多く見
受けられました。

その定番の BGM はフリー素材だったのですが、「レイクレの BGM」と
してユーザーに認知されるようになりました。

こうなってしまえば、ほかのチャンネルで同じ BGM を使おうものなら、
コメント欄では「この BGM、レイクレのだよね？」となるわけです。

第6章

知らなかったじゃ
済まされない
ガイドライン・著作権

動画投稿の前に必ず押さえる2つのルール

　動画を作成しYouTubeにアップする際には、以下の2つを押さえておく必要があります。

- **YouTubeの「ガイドライン」**
- **著作権**

　ガイドラインはYouTubeが独自に定めたルールで、著作権は法律で定められたルールです。これら2つのうちどちらかに違反していると、「ガイドライン違反」「著作権違反」として、動画削除、およびチャンネル停止にされることがあります。

　多くの場合、ルールをよく知らずに違反していて、動画を削除、チャンネルを停止されてしまうケースがほとんどです。たとえ悪意がなかったとしても、ガイドラインや著作権に違反してしまうと重大なペナルティを受けてしまうことがあります。

　「せっかくアクセスが集まって稼げるようになってくれたチャンネルが朝起きると停止されている……」といった事態に陥らないために、本章でガイドラインと著作権に関する最低限の知識を押さえておきましょう。

　なお、本章の内容はあくまで1人のYouTube副業実践者としての見解として説明します。

YouTubeのガイドラインを押さえる

　YouTubeのガイドラインで定められている違反項目を大きく分けると、以下のような項目があります。

- **ヌードや性的なコンテンツ**

- 有害で危険なコンテンツ
- 不快なコンテンツ
- 暴力的で生々しいコンテンツ
- 嫌がらせやネットいじめ
- スパムや誤解を招くメタデータ、詐欺
- 脅迫
- 著作権センター
- プライバシー
- なりすまし
- 子どもの安全
- その他のポリシー

　文言を見るだけでわかりやすいものもあれば、そうでないものもあります。さらに、この項目や違反の判断基準は非常にあいまいで、動画が削除されるかどうかは YouTube 側のさじ加減となります。

　私の今までの経験上では、「どういう動画が違反になるか」という判断のかんたんな基準として、以下の基準を考えておくと良いと思います。

- **家族全員が一緒にごはんを食べている時に、テレビで流れても問題ない動画か？**

　たとえば、ヌードや性的な内容の動画がお茶の間で流れると、子供の教育に良くないですし、親は非常に気まずい空気に悩まされるでしょう。また、血がドバドバと出るような動画は刺激が強く、家族団らんの場でふさわしい動画とは言えないでしょう。

　動画を作成し YouTube にアップする前に、「この動画はお茶の間で流れてもだれも不利益を被らないか、嫌な思い、気まずい思いをしないか？」と考えると、ひととおりのガイドラインをカバーできると思います。

　すべての項目をくわしく押さえておくことが理想的ですが、ここでは、YouTube ビジネスにおける違反項目として特に代表的な以下の 2 つの項

目についてくわしく説明します。

(1) ヌードや性的なコンテンツ
(2) スパムや誤解を招くメタデータ、詐欺

▶▶ **(1) ヌードや性的なコンテンツ**

　YouTube を副業として動画をアップするときによく目にする違反項目です。性的なコンテンツは、どうしても「アクセスを集めることができてしまう」ジャンルだからです。

　特に男性の方なら心当たりがあると思いますが、サムネイルにでかでかと女性的な部位がアップで使われているものを目にすることが多いのではないでしょうか。思わずクリックしてしまう方もいらっしゃるかもしれません。

　じつは、こういった種類の動画でアクセスを稼ぐ手法も存在します。最近では、元セクシー女優が YouTube で赤裸々に過去の撮影について語るチャンネルも増えてきています。しかし、そのようなチャンネルは、力のある会社からバックアップされていて、法的にも YouTube のガイドライン的にも「ギリギリセーフ」のラインを見極めて動画制作をおこなっています。

　これを個人で真似するのは不可能に近いです。YouTube コンサルタントをしている私自身でも、この「ギリギリセーフ」のラインを正確に見極めるのは難しく、感覚に頼ることがほとんどです。

　特に YouTube を始めたばかりの初心者だと、かんたんにアクセスが集められるからといって、そのギリギリラインを探しながら動画をアップしがちです。しかし、アクセスが集まり出したころにチャンネルの一発 BAN（削除）を受けて愕然とするのです。

　先ほども述べましたが、ガイドラインに違反しているかどうかの判断は、YouTube 側のさじ加減です。明確な線引きがわからない「ギリギリライン」を追って、結果ペナルティを受けてしまうのは非常に無意味な行為と

言えるでしょう。目先のアクセス増加を求める気持ちもわかりますが、長期的に収益をあげるためには、ガイドラインに正しく沿って動画を制作することが最大の秘訣です。

　性的なコンテンツでアクセスを集めるという考え方は、まずやめておいたほうが良いです。私はYouTubeコンサルタントとしてレクチャーする際に何度もこのアドバイスをしていますが、それでもこの項目でペナルティを受ける方が本当に多いです。自分の感覚を絶対視せず、性的なコンテンツの制作はしないと心に決めておきましょう。

▶▶ (2) スパムや誤解を招くメタデータ、詐欺

　この項目で禁止していることは、かんたんに言えば、「嘘をつかないでください」ということです。

　これに違反している動画の例としては、いわゆる「釣りタイトル」「釣りサムネ」と呼ばれるものがあります。

　たとえば、動画のタイトルとサムネイルに、ある芸能人の名前や写真が使われていたとします。ユーザーは「この芸能人本人が喋っている動画かな？」と思ってその動画をクリックしました。しかし、その芸能人は動画には登場せず、チャンネル主がただ喋っている動画だったら、「騙された！」と思うユーザーが大半でしょう。

　このように、あたかも別の内容の動画かのようにタイトルやサムネイルを付けた動画を使って不正にアクセスを集める行為は、「誤解を招くメタデータの違反」にあたります。

　また、投稿者自身に嘘をつくつもりがなくても、コメント欄で「詐欺だ！」と酷評される場合もあります。その場合は、素直にタイトルとサムネイルを見直してみましょう。動画に興味を持たせようとしたタイトルやサムネイルが、他人から見ると嘘つきにしか見えない場合もあります。

　タイトルやサムネイルだけではなく、説明欄やタグでも同様に違反になってしまう可能性があります。

　たとえば、6～7年前に、タグと説明欄にアクセスを集めやすいキーワー

ド（その動画とは関係のないもの）を大量に入れて、アクセスを強制的に集める手法がはやりました。これは多くのYouTuberも使っていた手法です。しかし、YouTubeのガイドラインが更新され、今では完全に禁止されています。タグや説明欄にもその動画にちゃんと関係しているキーワードだけを使うように心がけましょう。

　スパムには、「似たような動画を大量にアップする行為」が該当します。

　これは、悪気がなくても該当してしまう可能性があります。撮り溜めていた動画を1日の間に一気にアップすると、スパムだと判断されてしまう場合があるようです。実際に動画を削除されペナルティを受けた事例がいくつか存在します。

　YouTubeでは、動画投稿数を増やすことがチャンネルを成長させるために重要な手段です。しかし、スパムだと判断されてしまう可能性があるため、一気にアップすることは控えましょう。「1日に何本アップしたらペナルティ」という規定はありませんが、1日にアップする動画数は最大5本までにしておきましょう。

　また、特殊なスパムの事例として「インセンティブスパム」という項目があります。

　たとえば、インターネット上で「○○万円でチャンネル登録者を1000人増やします！」や「○○万円であなたの動画の再生数を1万回増やします！」といった広告や業者が存在します。このようにお金でアクセスやチャンネル登録者を増やす行為が、インセンティブスパムにあたります。

　目先の数字欲しさに気持ちが揺らぐこともあるかもしれません。しかし、仮にスパム認定されなかったとしても、購入した登録者やアクセスはまったく意味がありません。海外で自動システムを使って大量に生産されたアカウントで登録やアクセスを増やすだけなので、ビジネスとして次につながりません。ただ見かけ上の数字が増えるだけです。これらは絶対に利用しないようにしましょう。

著作権違反になる行為を押さえる

　著作権とは、法律で定められた知的財産権の1つです。YouTube ビジネスをやるうえで著作権が関係するのは、おもに以下の要素でしょう。

- 動画
- 画像
- 音声
- 音楽
- 文章

　これらの作品などは著作物と呼び、権利を持っている人を著作権者と呼びます。基本的には、著作物を創作した人が著作権者となりますが、権利は譲渡可能なので、「作った人」と「権利を持っている人」が違う場合もあります。

　本書では、著作権についてくわしい説明は割愛します。ここでは、著作権違反となってしまう以下の NG 行為を押さえておきましょう。

（1）動画を転載する
（2）画像、映像素材を商用利用の許可なく利用する
（3）BGM、音源素材を商用利用の許可なく利用する
（4）ブログ、ニュースサイトの記事を転載する

　細かく言うとたくさん事例がありますが、この4つを気をつけていれば、YouTube 上でペナルティを受けるリスクは激減します。

▶▶（1）動画を転載する

　よく見かける代表的な例は、テレビ番組の転載です。

今ではかんたんにテレビの録画をデータ化ができてしまい、いまだにテレビ番組の転載動画が YouTube 上にはびこっています。しかし、これは絶対にやってはいけない行為です。

　番組の録画をアップするだけでなく、スマートフォンのカメラでテレビ画面を撮ったものやテレビの音声だけ録音したものを動画にすることも「転載」に含まれます。

　さらに、テレビ以外では、ラジオ音声の文字起こし動画なども見かけますが、これも NG 行為です。もちろんですが、ほかのチャンネルやほかの媒体の動画の転載も絶対にやめましょう。

▶▶ （2）画像、映像素材を許可なく利用する

　動画内で画像や映像を素材として使用したい場合は、商用利用を許可されている画像、映像を使用します。テレビの 1 シーンやアニメの 1 場面、ほかのチャンネルの画像や映像を許可なく使用することはできません。

　素材については、商用利用を許可されているフリー画像やフリー映像を使用しましょう。フリー素材を提供しているサービスもたくさんあるので、サービスの利用規約に則って使用します。

　注意点として、「フリー素材」と言っていても、商用利用が許可されていないケースもあります。YouTube ビジネスで使うには、商用利用が許可されている必要があります。この点をしっかりと確認したうえで利用するようにしましょう。

▶▶ （3）BGM、音源素材を商用利用の許可なく利用する

　動画を構成する要素として、音楽や効果音は非常に重要です。だからこそ、有名な曲を使いたくなる気持ちはよくわかります。しかし、基本的にメディアでよく聞く楽曲や効果音は、著作権で保護されていて、使用することがむずかしいです。

　特に、海外の有名楽曲を無許可で使用すると、1 発でアドセンスアカウ

ントを停止されたり、チャンネル削除、チャンネルの収益化を剥奪をされるリスクが非常に高まります。

　YouTube は、AI（人工知能）によって音楽の波形を分析し、楽曲の利用を判断しています。「少しくらい大丈夫だろう」と意図的に使用するのはもちろん、知らないうちに音楽が入り込んでいた場合にも、意図せずチャンネルが壊滅の危機に陥る可能性があるので、注意が必要です。

　たとえば、非常に厳しい例を1つ紹介します。私が実験のために運用していたチャンネルで、家の近くのお祭りの動画をアップロードしたことがありました。その際に、お祭りのクレープ屋で流れていた洋楽の音データが AI に無断利用だと判断され、チャンネルが無収益化されたことがあります。

　どの素材もそうですが、特に音楽は厳しくチェックされています。外で撮影をしたり、家の中の撮影で音楽を流す際は、細心の注意が必要です。

　BGM や音楽も、ほかの素材と同様に、必ず商用利用を許可されているフリー素材を利用しましょう。提供しているサービスの利用規約に則るのはもちろん、「商用利用の可否」も必ず確認するようにしてください。

▶▶ （4）ブログ、ニュースサイトの記事を許可なく転載する

　YouTube 副業界では、「スクロール動画（テキスト動画）」というものが流行しました。これは、最新の芸能・政治ニュースなどをブログやニュースサイトの記事から文章をすべてコピーしてきて、動画内で流すというものでした。

　当然、ブログやニュースサイトにも、雑誌や書籍と同様に著作権が存在します。ブログやニュースサイト側も対策に動き、スクロール動画は壊滅的に減りました。

　もちろん、無断で記事を転載するのは著作権違反の行為です。しかし、「まったくブログやニュースサイトの情報を利用できない」というわけではありません。引用という形であれば、動画内で記事の一部を紹介することができます。

引用で利用する場合は、以下のような形で紹介します。

- 「○○というサイトの記事によると、△△という意見やデータもあるそうです。」
- 「○○というニュース番組の報道によると、△△ということだそうです。」

　ただし、このように出典を明示しているからといって、記事の内容を紹介するだけの目的で利用することは、引用とは言えません。「記事の意見やデータをもとに自分の意見を述べるため」などの目的が必要になります。

　引用で記事や Web サイトの内容を利用した場合、動画内と説明欄できちんと出典を明示しましょう。

Good ／ Bad 評価やコメントから違反リスクを回避する

ガイドライン違反や著作権違反は、YouTube 側の調査だけではなく、視聴者からの通報などで判断されるケースもあります。

視聴者から通報される動画は、Good 評価より Bad 評価が多くなり、コメントで批判コメントが書かれることが多いです。そのため、より違反リスクを回避するために、Bad 評価や批判コメントが多い動画をできるだけ削除するのも良い方法です。

意図せず違反してしまったときのペナルティと対策

　これまでガイドラインと著作権についての重要な部分を説明しましたが、気をつけていたとしても誤って違反をしてしまうケースがあります。ここでは、違反してしまった場合のペナルティとその対策について説明します。

　なお、ガイドラインと著作権の違反では受けるペナルティが微妙に違うので、分けて説明します。

▶▶ 軽度な違反は「3 アウト制」

YouTube は、基本的にガイドライン違反も著作権違反も軽度な違反に関しては「3 アウト制」を採用しています。例外もありますが、「3 ペナルティを受けるとチャンネル削除をされる」というものです。

もし誤って違反してしまった場合は、そのミスを記録しておき、絶対にくり返さないようにしましょう。

▶▶ ガイドライン違反の場合

ガイドライン違反に関しては近年ルールが少し優しくなり、1 回目の違反に関しては、「事前警告」という形がとられるようになりました。つまり、「実質 4 アウト制」という形です。事前警告を受けた後、再度違反をすると、1 ペナルティがカウントされます。

受けたペナルティは 90 日間チャンネルに残り、90 日が経過するとそのペナルティが消失します。1 つペナルティが増えるごとに機能制限と罰則が課せられます。

- 1 回目の違反警告：1 週間、以下の機能が使用停止
  - 動画、ライブ配信、ストーリーをアップロードする
  - カスタム サムネイルまたはコミュニティ投稿を作成する
  - 再生リストを作成または編集する
  - 再生リストに共同編集者を追加する
  - 「保存」ボタンを使用して、動画再生ページの再生リストを追加または削除する
- 2 回目の違反警告：2 週間、コンテンツを投稿停止
- 3 回目の違反警告：チャンネル削除

違反警告を受けた場合、「この違反警告は不当だ、誤りだ」と思うこともあるでしょう。その際には、YouTube に再審査請求をおこなうことができ

ます。

　しかし、再審査請求をおこなっても決定が覆ることはほとんどありません。私の経験上、95％くらいはそのまま違反と判断されます。

　さらに、再審査請求をすると、YouTube 上を巡回している AI の審査ではなく、担当スタッフによる目視の確認がおこなわれる場合があります。その際に、ほかの動画で違反があると一気に違反警告が増え、3 アウトでチャンネル削除になることもあります。そのため、違反警告を受けたら真摯に受け止め、再審査請求をしないことをおすすめします。

　「自分の感覚的には OK でも YouTube から見たら NG なんだ」と納得することが、非常に重要です。

▶▶ 著作権違反の場合

　著作権違反に関しても、ガイドライン違反と同様、近年ルールが少し優しくなり、1 回目の軽度な違反は事前警告に留まります。2 回目の違反以降は 1 ペナルティが加算され、3 回目のペナルティ（4 回目の違反警告）でチャンネルが削除されます。チャンネルを削除されると、以降新しくチャンネルを作ることはできません。

　なお、著作権違反に関しては、「何回目で○○の機能が制限される」といった明確な罰則はありません（状況によって、ライブ配信が制限されるなどがあります）。

　その代わり、チャンネルの収益化に影響を及ぼす可能性があります。「動画は投稿できるが、アドセンスを介しての収益が発生しない」という状況です。

　基本的に、チャンネルの無収益化の措置が取られると、それ以降チャンネルを収益化まで結び付けられるケースは皆無に等しいです。そのため、著作権違反については十分注意しましょう。

▶▶「Content ID」の申し立て

著作権違反と似た警告として、「Content ID の申し立て」を受ける場合があります。

YouTube では、著作権を所有している著作権者が事前に「Content ID」を発行していて、その著作権者が決めたルールが自動で適用されるというシステムがあります。おもに BGM などで違反になることが多い項目になります。

Content ID に違反した場合、おもに以下のような措置が取られます。

- **動画の再生そのものがブロックされる**
- **動画は再生できて楽曲も使える状態だが、収益は著作権者に渡される**

基本的に、Content ID で制限されている楽曲を使ってしまった場合は、収益が入らないものと考えてください。最もリスクの少ない対策は、対象の動画を削除し、以降その楽曲や BGM を使用しないことです。

ただし、フリーの BGM を使っていても自動的に Content ID に引っかかる場合があります。その場合、ガイドライン違反の際と同様に、YouTube に再審査請求をすることができます。この再審査請求のケースは、きちんと許可された BGM を正しいルールで使用していれば、Content ID の申し立てが棄却される場合があります。

なお、著作権違反の場合でも再審査請求をおこなうことができます。著作権者が納得すれば、著作権違反の請求を取り下げてくれる場合があります。しかし、これらのケースはあなたが著作権上問題ない範囲での素材使用をしている場合に限りますので、稀なケースでしょう。

▶▶「1 発アウト」とチャンネル削除

ガイドライン違反や著作権違反に関して、軽度な違反については「3 アウト制」と説明してきました。しかし、あまりに悪質だと YouTube から

判断された場合、チャンネルが1発で削除されるケースがあります。

　また、チャンネルが削除、もしくは1発アウトで削除を受けた場合、アドセンスアカウントにもその情報が紐付くと考えてください。たとえば、チャンネルが削除されたからといって、別のパソコンやスマートフォンで新しいチャンネルを作って収益化条件を満たしたとします。しかし、収益を得るためにアドセンスアカウントとチャンネルを紐付けたときに、即座にチャンネルが停止されてしまうのです。

　これは、私が知っているなかで最悪なケースです。

　アドセンスアカウントは、原則1人につき1アカウントしか持てません。チャンネル削除のペナルティを受けてしまうと、「YouTube で広告収入を得る」という道が絶たれてしまいます。

　そのため、「知らなかった……」では済まされないわけです。YouTube のルールをしっかり理解したうえで YouTube ビジネスをスタートしましょう。

第 7 章

広告収入だけじゃない！
YouTubeでの稼ぎ方

広告収入以外のYouTubeで収益を上げる方法

　YouTube ビジネスと聞くと、ほとんどの場合「広告収入で稼ぐ」という形を想像しがちです。しかし、それ以外にも YouTube を活用して収益をあげる方法があります。

　YouTube はほかの媒体と比べて、比較的アクセスを集めやすい媒体です。アクセスが集まるということは、「見込み客が集まる」ということだと言えます。ビジネスの基本ですが、見込み客を集めることができれば、マネタイズが可能です。

　本章では、個人でも広告収入以外で収益を上げやすい以下の4つの例を説明します。

(1) 商品・グッズ販売
(2) アフィリエイト
(3) 講座販売
(4) 投げ銭

商品・グッズを販売する

　YouTube でアクセスしてくれたユーザー（＝見込み客）に商品やグッズを販売する方法です。

　たとえば、美容師 YouTuber として動画を発信している方の場合、カットやセットの方法を YouTube で発信し、それを見た視聴者さんに自社のハサミやシャンプーを販売しています。YouTube の広告収入だけではなく、商品販売の売上も出しているのです。

▶▶ 個人でグッズを制作する

　販売となると、実際に自身で会社や事業を営んでいて、自社商品がなければ難しいと感じるかもしれません。しかし、YouTube でアクセスさえ集めてしまえば、個人でもかんたんに制作・販売できます。

　かんたんに制作できるグッズといえば、以下のようなものがあります。

- チャンネルのアイコンを描いたステッカーやスタンプ
- オリジナル T シャツやパーカー　など

　インターネット上では、かんたんに自身のグッズ制作をできるサービスも多く存在しています。しかも、在庫を抱えるリスク 0 で、売れたぶんだけ受注生産で制作し、発送までおこなってくれるサービスもあります。このようなサービスを有効活用すれば、個人でも作業負担を減らしながら販売することができます。

　チャンネルのファンをしっかり獲得できていれば、制作サービスを利用してオリジナル商品を作成し、販売して収益を上げることが可能です。より熱狂的なファンが多いチャンネルやジャンルであれば、広告収入よりも大きな収益を得られる可能性もあります。

▶▶ グッズ制作・販売システムサービスを利用する

　販売用プラットフォームサービスでは、「BASE」などを活用すると良いでしょう。実際に自身でグッズを制作できる方向けのサービスです。

- **BASE**：https://thebase.in/

　また、自身でデザインしたチャンネルロゴやアイコン、オリジナルキャラの要素を入れたグッズを制作したい場合は「SUZURI」というサービスがおすすめです。SUZURIは、プリント用のデータを登録するだけで、Tシャツなどのグッズの販売を開始できます。

- **SUZURI**：https://suzuri.jp/

　SUZURIは、販売金額を基本的に自由に設定でき、注文が入ったら受注生産し、発送までおこなってくれるシステムです。売上が出ると、原価と

SUZURI の手数料が引かれた金額を受け取ることができます。グッズ制作未経験者でもグッズ販売を開始しやすいサービスです。

アフィリエイトで収益を出す

アフィリエイトとは、かんたんに言うと商品やサービスを紹介し、紹介料を受け取るという行為です。たとえば、前例の美容師 YouTuber が美容室を経営していて、自社のシャンプーを 5000 円で販売しているとします。知り合いの A さんに自社シャンプーの紹介をお願いし、「A さんが紹介して売れたら 1000 円の紹介料を渡す」というのが、アフィリエイトです。

このようなアフィリエイト案件を探すには、「ASP」という Web サービスに登録するのが最も手軽な方法です。ASP とは、アフィリエイトの案件を多く集めて紹介しているサービスです。

ASP では以下のような流れで報酬を得られます。

(1)ASP に登録する
(2)紹介したい商品やサービスについて、独自のリンクを ASP 上で発行する
(3)このリンクから商品が売れれば、それに応じた報酬を得られる

YouTube やほかの SNS、ブログなどで商品・サービスを紹介し、ASP で発行したリンクを掲載して、そこから購入してもらえるようにします。たくさんアクセスを集めて、購入者が多くなるほど、報酬をたくさん得られるというわけです。

▶▶ アフィリエイトをおこなう媒体に気をつける

ただし、YouTube 上では禁止されているアフィリエイトジャンルもあるので、注意してください。基本的には、「LINE@」やブログ、メルマガ、

Facebook などに一度視聴者を誘導し、そこでアフィリエイトをするほうが賢明です。

　また、情報商材系や稼ぐ系のアフィリエイトで収益を得たい場合、YouTube チャンネルを収益化する（アドセンスアカウントと紐付ける）のはやめておいたほうがよいです。チャンネルを収益化すると、ガイドラインに違反していないか、チェックがより厳しくなります。

　どのような商品の紹介がガイドラインに抵触するのかについて、裁量は YouTube の判断に委ねられていて、実際にアフィリエイトをしてみないとわからないことが多いです。しかし、万が一ガイドライン違反でペナルティになってしまわないためにも、きわどいジャンルのアフィリエイトをする場合はチャンネルを収益化しないようにしましょう。

▶▶ 得意ジャンルを見分ける

　ASP によって得意なジャンルは異なります。情報商材や講座のアフィリエイト案件が多いものもあれば、シャンプーなどの実物の商品アフィリエイト案件が多いものもあります。

　ASP を選ぶ際には、以下の点を考えておきましょう。

- **自身のチャンネルの視聴者はどういう人が多いのか**
- **どんな商品やサービスを好むのか**

　そのうえで、ターゲットに合ったアフィリエイト案件を多く取り扱っている ASP を探し、登録することをオススメします。

　ちなみに、私が主宰している副業 YouTube コミュニティでは、このアフィリエイトのしくみを利用したサービスを内製化し、月間 200 ～ 300 万円前後の売上があります。

講座を販売する

　これは、実際に自身でビジネスをおこなっている、もしくは専門の仕事をしている方に合った方法です。たとえば、前例の美容師YouTuberの場合、髪のカットの講座を自分で作ってしまい、それをYouTube上で販売するといった形です。

　この場合、直接視聴者の方とコミュニケーションをとる形になるので、さらにファン化が進みます。有料でオフ会を開いたりするケースも、講座販売と似た手法でしょう。

　講座販売は、比較的大きな収益を得やすい方法でしょう。たとえば、イラストレーターの方が絵を描く講座をYouTubeで募集したとします。2時間で5000円の講座費だとして、20人が参加したとしましょう。会場費が3万円だとしても、2時間で7万円の利益があがります。

　また、対面でのリアル講座以外にも、遠隔でのWeb講座も考えられます。

　たとえば、私のようなコンサルタントであれば、YouTubeで稼ぐ方法を動画でYouTube上に公開し、ファンを集め、Web上で「3か月のYouTube講座」を販売することもできます。実際に、1週間でこの手法で1200万円の売上を出したこともあります（このとき、YouTube以外の媒体からもアクセスがあり、その実績も含みます）。

　また、私がコンサルティングした別のYouTuberの例では、YouTube動画50本から集客し、オンライン講座販売で年間1700万円の売上になった実績もあります。動画1本あたりで計算すると34万円の売上ということになります。

　このように、何かしらのスキルがある人であれば、YouTube上で集めたアクセスを自身の集客につなげることで、大きな収益を得ることも可能です。

「投げ銭」で収益を出す

　YouTube には、「スーパーチャット」という機能があります。これは、いわゆる「投げ銭」です。YouTube 上のライブ配信の際、ユーザーはスーパーチャットでお金を出してコメントすることで、チャット欄の中でコメントを目立たせることができます。ユーザーが出してくれたスーパーチャットが、チャンネル投稿者の収益につながるのです。

　ただし、スーパーチャットを使うためには、チャンネルを収益化している必要があります。つまり、チャンネル登録者数や再生数について条件をクリアしている必要があるのです。

▶▶ 収益化していないチャンネルで投げ銭をお願いする

　YouTube の機能ではありませんが、「PayPal.Me」というサービスを利用すると、収益化していないチャンネルでも「投げ銭」をユーザーにお願いできます。

- **PayPal.Me**：https://www.paypal.com/jp/webapps/mpp/paypal-me

「PayPal（ペイパル）」は Web 上でかんたんに決済ができる有名なサービスです。PayPal にアカウント登録すると、「PayPal.Me」というサービスが利用できるようになります。これは、自分専用の投げ銭ページを作成し、ほかのユーザーに金額を入力してもらって投げ銭してもらうサービスです。

　YouTube から使用する場合、投げ銭ページのリンクを概要欄などに記載しておき、「チャンネル存続のために、概要欄から投げ銭お願いします！」と、視聴者に投げ銭をお願いします。実際にこのようなお願いをしている配信者の方も多いです。

　サービスの使い方は非常にかんたんなので、熱狂的なファンがついている方は導入してみると良いでしょう。

第 8 章

YouTubeを使って自身の
ビジネスにつなげよう！

YouTube×ビジネスの2つのつなぎ方

　本章では、おもに自身でビジネスをやっている方、特に店舗経営をされている方をイメージして、YouTubeからの集客について説明します。YouTubeを活用することは、直接収益を得るだけでなく、自身の本業のビジネスを大きく成長させることができます。ここでは、以下の2つの方法を紹介します。

（1）会社や店舗の紹介動画をつくる
（2）店舗やイベントへ集客する

　なお、最初に気をつけてほしいのは、あくまで「アクセスが最も大切」という考え方です。動画を1本アップした程度では、店舗やイベントにだれも集まってくれません。しっかりアクセスを集められる動画を定期的アップし、チャンネルにファンをつけたうえで、集客をするよう心掛けましょう

会社や店舗の紹介動画を作る

　手軽に始められる最もかんたんな方法は、自身の会社や店舗、サービスの紹介をする動画を作ることです。

　自分で会社や店舗を持っている方は、ホームページを作っている方が多いでしょう。もちろん、ホームページも大切なのですが、ページ維持費やSEO対策にお金がかかったり、デザインがうまくいかなかったりするケースも多いのではないでしょうか。ホームページに苦戦してしまう場合は、ぜひYouTubeを活用してみましょう。

　YouTubeの動画で会社や店舗を紹介することは、SEO対策などにも有効です。

YouTube は Google の傘下の企業です。そのため、YouTube の動画は Google 検索をした時に「優先的に」上位表示されやすくなっています。自分の会社や店舗、サービスに関するキーワードを、動画タイトル、説明欄、タグにきちんと入れ込めば、十分 Google 検索の際に上位表示が可能です。

　たとえば、お花屋さんの紹介する場合、動画内では以下の情報を押さえておきます。

- **お店扱っている花の種類**
- **最寄り駅からお店への行き方**
- **営業時間　など**

　これらの情報を入れられれば、ホームページの代用になるはずです。これは比較的かんたんなテクニックかつ、動画 1 本で済む話なので、ぜひお試しください。

> ▶ **お弁当屋さんのライブカメラ LIVE camera【LIVE】キッチン DIVE**
> `URL` https://www.youtube.com/channel/UCxs4TtlgxC7Nda6jEJF6
> Ejg
>
> このチャンネルは、普通の弁当屋さんが運営しているにもかかわらず、登録者は 6 万人を超え、実際の店舗の売上も相当なものになっているそうです。
>
> このチャンネルは、その弁当屋さんの店内をただひたすらライブ配信しています。これにより、YouTube 上でお店のファンを作り、店舗集客につなげています。
>
> また、万引き防止にも一役買っているそうです。ライブ配信のカメラが抑止力になっているというわけです。
>
> お店を経営する方は参考にしてみてください。

店舗やイベントへ集客する

　実際に集客まで実現したい場合は、しっかり複数の動画をアップして
チャンネルを運営し、YouTube 上でアクセスを集めて、視聴者さんに来て
もらうことになります。

　1 本の動画だけで単発の集客が成功することはありません。時間をかけ
てファンを作り、常に多くのアクセスがある状態で、動画を通じて足を運
んでもらったり、商品を買ってもらったりします。

　では、どういう動画を作ればよいのでしょうか。ここでは、以下の 2 つ
のテーマを挙げて説明します。

- 裏話
- ためになるもの

▶▶「裏話」で興味を引く

　「裏話」は、単純な興味づけでアクセスを浅く広くとることを目的として
います。

　人はだれでも、興味が少しでもあるジャンルの裏話は気になるものです。

　たとえば、自分が専門的におこなっていること、仕事としてやっている
ことには、その仕事に実際に携わらないとわからない「裏話」というもの
が存在するはずです。自分たちではあたりまえの内容でも、まったく違う
業種の知り合いに話すと、「へー、知らなかった！」という反応をもらえる
話題があると思います。

　こういった内容を動画で表現するのです。

　もちろん、顧客の情報や関係各位のプライバシーに触れる内容は注意が
必要です。具体的な企業名やクライアント名を出す場合、一般常識の範囲
内に留め、たとえ出すとしても伏せ字にするのがマナーと言えるでしょう。

　とにかく、「裏話」は思っている以上にアクセスが集まると覚えておいて

ください。

▶▶「ためになるもの」で信頼を得る

　「ためになるもの」を発信することは、信用を勝ち取り、ファン化を進めるうえで非常に重要です。自分のスキルやノウハウを動画にまとめ、「このチャンネルは役に立つ！」「この人は信用できる！」と視聴者に思ってもらうのです。

　この時よくやってしまう失敗が、情報を出し渋りすることです。「この情報を出してしまったら自分の仕事がなくなるのではないか？」と思いがちですが、そんなことはありません。

　動画でためになる情報を出したとしても、それを実践する人はわずかです。ごく少数の視聴者からの仕事がなくなるリスクよりも、多数の視聴者の信用を勝ち得るほうが、はるかに重要です。

　また、ためになる情報を知った人が実行して、実際にその人に成果が出れば、「究極のファン」が誕生します。

　具体的な例を挙げてみましょう。私自身YouTubeに関する情報は、知り合いにほとんど公開するようにしています。しかし、仕事が無くなったりしません。

　逆に、信頼度が高い情報や専門的な情報を相手に提供することで、信頼関係が生まれ、「YouTube周りのことは全部郡司さんに依頼するよ！」と言ってくれる方がほとんどです。

　このことを意識するようになってから、私から営業を一生懸命かけることはほとんど無くなり、信頼を得た相手の紹介だけで仕事が回るようになりました。

　YouTubeにおいてもそうです。実際に私がリサーチしている専門チャンネルでも、うまくいっているチャンネルは情報を小出しにせず、全部オープンにしてYouTubeで配信し、信頼とアクセスを集めてマネタイズ化しています。

　「ためになるもの」コンテンツを投稿していく場合、情報の出し渋りはし

ないと心に決めて、動画を配信しましょう。

▶▶「裏話」と「ためになるもの」の比率

　チャンネルの「裏話」動画と「ためになるもの」動画は、以下の比率を
イメージして作ってください。

- 裏話：7割
- ためになるもの：3割

　まず、そもそもチャンネルにアクセスが集まらないといけないので、多
くの視聴者の興味をひく「裏話」を中心に動画を制作します。そして、「た
めになるもの」動画で集まった視聴者の信頼を得て、しっかりとファンを
獲得することが重要です。これが最も早くファンを増やすコツだと理解し
てください。

　こうして効率よくファンを増やし、実際に店舗やイベントに足を運んで
もらったり、商品サービスを利用してもらう流れが最強です。

　また最近では、企業でもYouTubeでの採用活動をするところが増えて
きました。しっかりアクセスが集まっていて一定のファン化ができている
チャンネルでの話ですが、YouTubeで採用を始めた結果、採用コストが
10分の1になった例もあります。

　YouTube上でアクセスが集められるようになれば、お客さんを集めるだ
けでなく、一緒に仕事する仲間も集められるのです。

　「裏話」と「ためになるもの」の比率を体感しやすいチャンネルを1つ紹介
します。

▶ 岡野タケシ弁護士
URL https://www.youtube.com/channel/
　　UCl8E6NsjN979gbMBdztF48g
登録者約10万人の弁護士さんが運営しているチャンネルです。有名人や

インフルエンサー、YouTuber の炎上やゴシップを取り上げ、弁護士ならではの視点で法律説明をしている人気チャンネルです。

もしかすると、8 割くらいが裏話的な立ち位置の動画で構成されています。

裏話を中心としたことで、短期間でチャンネルにアクセスを集中させ、ためになる動画（弁護士資格を取るまでの話など）でしっかりファン化をしています。

このチャンネルの弁護士は、YouTube での収益だけでなく、本業の依頼もファンから殺到しているようです。YouTubeのビジネス活用の理想型だと思います。

ぜひ、投稿していく動画の構成比率を参考にしてみてください。

クラウドファンディングで事業の資金を集める

最近では、「クラウドファンディング」が巷でもよく聞くようになってきました。クラウドファンディングとは、かんたんに説明すると、Web 上で一般の方々から事業資金を集められるものです。

- **こういうサービスをやったら流行りそう。でもそれを実現する資金力が無い……**
- **自社のリソースを使ってこういう商品を作れば世の中のためになりそう。でも試作品を作る資金力が無い……**

こういった場合にクラウドファンディングを使い、資金を集めることができ、実現することが可能です。

クラウドファンディングは、じつは YouTube と非常に相性が良いのです。

私は YouTube のコンサルタントと並行して、クラウドファンディングのコンサルタントでもあります。たくさんの案件のうちの1つに、カシミヤのストールのファンディングを手掛けたことがあります。巻物（マフラーやストール）の分野でそのファンディングは日本一の集金額を達成し、3年ほど日本一の座をキープしました。「Makuake tennyo ストール」で検索すると、このクラウドファンディングのプロジェクトについて確認できます。

▶▶ クラウドファンディングと YouTube

　クラウドファンディングでお金を集めるには、当然コツがいります。くわしくは紙面の関係で割愛しますが、クラウドファンディングも YouTube 同様、アクセスが非常に重要なものになります。どんなに良いファンディングでも、だれも見てくれなければ1円も集まりません。

　そして、クラウドファンディングは YouTube 同様、アクセスが集まるファンディングが、さらにアクセスを集めてしまうしくみになっています。YouTube である程度のアクセスを集められるようになれば、動画上でクラウドファンディングを始めることを視聴者さんに伝えてみましょう。アクセスと資金を集めることが容易になります。

　具体的な例を紹介します。とある VTuber（バーチャル YouTuber）のチャンネルが、「もっとかわいくなりたい！」というファンディングを打ち出したことがあります。このファンディングは、集めたお金を開発費として、画面のキャラクターでさまざまな表情を出せるようにしたい（かわいくしたい）という内容でした。

　興味がない人からしたら、「そんなものでお金なんて集まるはずない」と感じるでしょう。しかし、そのファンディングはなんと 2000 万円以上を集めて、メディアでも取り上げられました。その VTuber チャンネルの多くのファンが多額の資金を提供したのです。

　このように、アクセスが取れる YouTube チャンネルを持っていれば、クラウドファンディングでお金を集めることは比較的容易なのです。

▶▶ YouTube ×クラウドファンディングのメリット

YouTubeとクラウドファンディングを合わせる方法は、さらにメリットがあります。

YouTubeからクラウドファンディングのページにアクセスと資金を誘導し、ある程度金額が大きくなってくると、まったくあなたのことを知らなかった人が、クラウドファンディングのページを見る可能性が急上昇します。

そこで、「こういうYouTubeチャンネルをやっています」とクラウドファンディングのページ上に載せていれば、そこから新規のYouTube視聴者を獲得することができるのです。

先ほどの例のVTuberは、そのクラウドファンディング実施中にチャンネル登録者が数万人増えていました。

YouTubeとクラウドファンディングをかけ合わせることは、以下のように「一石三鳥」の戦略なのです。

- 資金が集まる
- YouTubeにもアクセスが集まる
- 実績ができる

チャンネルが大きくなったあとの上級テクニックではありますが、自身で事業をしていたり、今後事業を立ち上げたいときには、ぜひ挑戦してみてください。

おわりに

　本書を最後までお読みいただき、誠にありがとうございます。

　YouTube は本当に可能性に満ちており、また継続性の高いプラットフォームだと思います。私が YouTube 副業を始めたころと比べ、広告収入の単価はかなり上がっており、「副業」と言うにはふさわしくないような驚くほどの収益を叩き出している方も、本当に多く存在します。

　また、YouTube 副業に取り組むことにより、「Web を使った稼ぎ方」だけではなく、「Web 上で人を集めたり動かす力」も身につくと断言できます。

　すべての商売に通ずる「人を集めて価値を提供し、対価として収益を頂戴する」ということを直感的に感じられるのが、YouTube 副業です。

　本書の知識をインストールするだけでは、収益を上げられません。まずは、自身の手を動かしてみる、チャンネルを立ち上げてみる、というところから、スモールスタートで始めていただければと思います。

　また、1 人で YouTube に取り組んでいると、相談する相手や競う相手、励まし合う仲間がいなくて、なかなかモチベーションを保つのは難しいかもしれません。そのような方は、特典動画を入手できる私の公式 LINE アカウントにご登録いただき、私が 5 年以上運営しているコミュニティについて LINE 上でお問い合わせください。初心者から YouTube 副業で身を立てた先輩方がたくさんいます。

　やはり、副業において「仲間」の存在は非常に大きいです。私自身、当時コミュニティにお金を払って所属し、先輩方が 0 から収益をあげていく様子を見ながら、「自分にもできる！」と言い聞かせ、追い抜く勢いで取り組み、月収 90 万円を達成しました。

　そして、周りの同志たちにたくさん励ましてもらいながら取り組めたことが成果を出せた大きな要因だと感じています。

　最後になりますが、副業や個人ビジネスで成果を出す方の特徴をご紹介します。

- まずは身銭を切って自己投資をし、自分を「本気」の状態に持っていく
- 質問をする前に、まずは自分自身で調べる
- コミュニティに自分が学んだことや成果をシェアして、ほかの人を助ける

　もちろん、ほかにもいろんな特徴や要素がありますが、共通しているのはこの3つだと思います。ぜひ、輝かしい未来のために「本気」でYouTubeビジネスにトライしてみてください。

　最後に、本書を出版するにあたり、たくさんの方々に協力を頂きました。

　この場を借りて御礼申し上げます。

　では、私の公式LINEアカウントでお会いできるのを楽しみにしております。

索引

著者プロフィール

郡司 健汰（ぐんじ けんた）

宮崎県児湯郡出身、横浜国立大学経営学部卒業。2013年に商社である蝶理（株）に入社。2年で退職し、YouTubeビジネスを始める。2015年12月にYouTubeで月収90万円達成。以降、副業のコンサルティングをおこないながら、2017年にYouTubeコンサルティング及び映像制作をメイン事業とするムーバー（株）を設立。法人、個人問わず多数のYouTube指導実績を持つ。

■お問い合わせについて

　本書に関するご質問は、FAX か書面でお願いいたします。電話での直接のお問い合わせにはお答えできませんので、あらかじめご了承ください。また、下記の Web サイトでも質問用フォームを用意しておりますので、ご利用ください。

　ご質問の際には、以下を明記してください。

・書籍名
・該当ページ
・返信先（メールアドレス）

　ご質問の際に記載いただいた個人情報は質問の返答以外の目的には使用致しません。

　お送りいただいたご質問には、できる限り迅速にお答えするよう努力しておりますが、お時間をいただくこともございます。

　なお、ご質問は本書に記載されている内容に関するもののみとさせていただきます。

■問い合わせ先

〒162-0846
東京都新宿区市谷左内町 21-13
株式会社技術評論社　雑誌編集部
「YouTube を使い倒す稼ぎ方」係
FAX：03-3513-6173
Web：https://gihyo.jp/book/2021/978-4-297-12030-6

【装丁】
Isshiki（齋藤友貴、柴田琴音）
【本文デザイン・DTP】
Isshiki（青木奈美）
【編集】
西原康智

YouTube を使い倒す稼ぎ方
～初心者でもわかる副業、集客、販売のススメ

2021 年 4 月 28 日　初版　第 1 刷発行

著　者　　郡司健汰

発行人　　片岡巌

発行所　　株式会社技術評論社
　　　　　東京都新宿区市谷左内町 21-13
　　　　　電話　03-3513-6150　販売促進部
　　　　　　　　03-3513-6177　雑誌編集部

印刷・製本　日経印刷株式会社